Markenmanagement mit System

Sascha Kugler · Henrik von Janda-Eble

Markenmanagement mit System

Wie Sie Ihre Marke strukturiert aufbauen und führen

Sascha Kugler
Alchimedus Management GmbH
Kalchreuth
Deutschland

Henrik von Janda-Eble
stilbezirk GmbH & Co. KG
Nürnberg
Deutschland

ISBN 978-3-658-16224-5   ISBN 978-3-658-16225-2   (eBook)
https://doi.org/10.1007/978-3-658-16225-2

Die Deutsche Nationalbibliothek verzeichnet diese Publikation in der Deutschen Nationalbibliografie; detaillierte bibliografische Daten sind im Internet über http://dnb.d-nb.de abrufbar.

Springer Gabler
© Springer Fachmedien Wiesbaden GmbH 2018

Lektorat: Kristina Folz
Umschlaggestaltung: Nadja Hartlieb/stilbezirk

Springer Gabler ist Teil von Springer Nature
Die eingetragene Gesellschaft ist Springer Fachmedien Wiesbaden GmbH
Die Anschrift der Gesellschaft ist: Abraham-Lincoln-Str. 46, 65189 Wiesbaden, Germany

Geleitwort

„Marke" ist etwas für große Unternehmen und für kleine und mittelständische Betriebe nicht wichtig, könnte man meinen. Markenführung ist doch letztlich Werbung mit großen Etats im Fernsehen, auf Plakaten, in Zeitschriften und, in neuerer Zeit, online. Für KMUs ist das doch nicht wichtig. Sie müssen durch hervorragende Produkte und Serviceleistungen überzeugen. „Wir als KMU haben dafür kein Geld, kein Personal und auch kein Know-how". So oder so ähnlich hören sich viele Gespräche und Kommentare an, wenn man in kleineren Unternehmen über die Notwendigkeit einer stringenten Markenstrategie und deren Umsetzungsmöglichkeiten spricht. Ich muss schon sagen, Argumente dagegen gibt es viele, harte Beweise sind möglich, werden oft allerdings auch nicht angestrebt, weil das „Herumwurschteln" ohne Kontrolle bequemer ist. Eine Meinung zu „Marke" kann man ja immer haben.

Nun, ich bin seit über 20 Jahren in einem Unternehmen (gegründet als Icon Forschung & Consulting in Nürnberg), das sich auf die Fahnen geschrieben hat, Marken erfolgreich führen zu helfen. Und zwar mit Fakten und Markenführungskonzepten für den Vermarktungsalltag. Weil ich einfach davon überzeugt bin, dass es nicht nur darum geht, Unternehmen zu unterstützen, Ihre Produkte besser an den Mann/die Frau zu bringen, sondern auch Verbraucher vor unsinniger Markenkommunikation zu bewahren. In dieser Zeit habe ich für mich festgestellt, dass es bei „Marke" nicht um Größe geht, sondern um Haltung, die man von innen nach außen kehren muss. Klar, große Budgets machen vieles leichter, aber sie bergen auch das Potenzial, viel Unsinn zu hinterlassen. Das schöne Geld verpufft dann eben.

Marke ist wichtig, sonst würden ja heute schon nur die billigsten Produkte gekauft oder Angebote angenommen. Im digitalen Zeitalter bräuchte man ja auch niemanden mehr, der einem die Ware oder Dienstleistung darbietet. Man kauft einfach das rational Passende für das kleinste Geld. Was aber ist mit der Sehnsucht nach Emotionalität, nach dem Ausdruck der eigenen Identität? Menschen wollen letztlich gemocht oder geliebt werden. Dafür suchen sie sich Lebensumstände, die ihr Innerstes nach außen demonstrieren. Sie kaufen Produkte, die zu ihnen passen und sie in gutem Licht darstellen. Entweder wollen sie den Nachbarn neidisch machen, stolz auf sich selbst sein können, sich an schönem Design erfreuen, die Dinge reibungslos erledigt haben, dabei entspannen, das Gefühl spüren, alles richtig gemacht zu haben, in Zukunft keinen Ärger bekommen oder sich auch an einem Schnäppchen erfreuen. Hochgradige Emotionalität, die mehr erfordert als nur die Wahl nach Preis.

Um eine solche Haltung klar an ihr Angebot zu knüpfen, müssen auch kleinere Unternehmen Klarheit in ihren Anspruch bekommen. Sonst werden sie langfristig nicht überzeugen können. Dies verlangt eine stringente Markenführung im Kleinen: eine solide Bestandsaufnahme der Eigen- und Fremdwahrnehmung, eine klare, differenzierende und glaubwürdige Vision für die Zukunft, die mit langfristigen Zielen verbunden, für die tägliche Vermarktungsarbeit beschrieben und somit immer überprüfbar wird. Damit jeder weiß, was er zu tun hat. Damit klar ist, was beispielsweise mit „Leidenschaft" als Anspruch in der Markenpositionierung in der angestammten Kategorie überhaupt gemeint ist, wenn man sie für sich reklamieren will. Ist damit eine charakterliche Haltung gemeint, die eine aggressive Ansage an den Wettbewerb ist oder eher eine liebevolle, qualitätsorientierte und formschöne Hommage an die eigene Kategorie? Beides sind legitime Haltungen, führen in der Markenkommunikation allerdings zu höchst unterschiedlichen Auftritten. Gut, wenn man es vorher bedacht und ordentlich durchgeplant hat. Gerne mithilfe fachmännischer Unterstützung.

Ich wünsche Ihnen viel Spaß und einen klaren Kopf beim Lesen dieses Buchs sowie bei der anschließenden Umsetzung in Ihre tägliche Vermarktungsarbeit!

Jürgen Breitinger, Managing Director Kantar Added Value, Deutschland
www.added-value.com

Inhaltsverzeichnis

Einleitung

1

Das Thema Marke ist der Ursprung von allem …
(Multerer 2013, S. 41)

In diesem Kapitel stehen die Grundlagen der Markentheorie im Fokus: Sie erfahren, was eine Marke ist und wie lange es bereits Markenbildung gibt, was man unter Markenidentität und Markenimage versteht und wie man einen Markenkern definiert. Sie erfahren, weshalb Marken auf jeden Fall halten müssen, was sie versprechen. Denn nur, wenn Marken authentisch sind, entsteht echter Wert.

Was Sie aus diesem Kapitel mitnehmen

- Wie man eine Marke definiert
- Wie Ihr Markenimage und Ihre Markenidentität zusammenpassen
- Wie Sie Ihren Markenkern ermitteln
- Wie Sie einen markensemantischen Raum aufspannen

1.1 Markenhype

In diesem Buch geht es um Sie: Sie als Unternehmer und Ihr Unternehmen als Marke. Nokia war die größte Marke im boomenden Handysektor. Ein Leuchtturm für Innovation. Blackberry war Kult schlechthin. Jeder Manager erkannte sich mit dem coolen Teil und Logo als Mitglied der Upper Management Class. BENQ war

© Springer Fachmedien Wiesbaden GmbH 2018
S. Kugler, H. von Janda-Eble, *Markenmanagement mit System*,
https://doi.org/10.1007/978-3-658-16225-2_1

das einzige Mal eine echte Marke, als die Firma insolvent wurde. All diese Marken haben ausgedient.

Manchmal scheint es, als ob mit der Nennung als Topmarke oder Trendmarke in einem der Magazine, Umfragen oder Bücher der Abstieg der Marke beginnt. Marken kommen und gehen. Nur wenige bleiben. Keiner wird den genannten Unternehmen vorwerfen können, nicht genug Geld, Know-how und Kapazität in die Markenentwicklung investiert zu haben und trotzdem verschwanden sie. Um als Marke dauerhaft erfolgreich zu sein, braucht es offenbar mehr. Aber was? Das möchten wir Ihnen in diesem Buch näherbringen.

Die Marke ist wichtig. Marken sind wertvoll und der Wert der Marken – wie der Wert von Aktien – ist ein guter Gradmesser für die Kompetenz von Managern. Schlechte Managementperformance schlägt sich im Unternehmenswert und im Markenimage nieder. Siehe Volkswagen. Es geht aber auch andersherum. Noch 2013 haben Markenexperten den Niedergang von Opel vorhergesagt. „Die Marke Opel ist vor allem mit Schwächen aufgeladen" – so oder so ähnlich lautete die Einschätzung namhafter Experten (vgl. Multerer 2013, S. 17).

▶   Experten können irren!

Die Kunden parkten im Kopf um, das Image des Autobauers wandelte sich, die Umsätze stiegen (vgl. Bialek 2016). Heute, im Jahr 2017, ist Opel wieder eine deutlich besser positionierte Marke – was offenbar auch PSA Peugeot Citroën so beurteilte und Opel Anfang 2017 kaufte. Eine veränderte Produktpolitik, ein verändertes Selbstverständnis und ein komplett neuer Außenauftritt haben den Wandel herbeigeführt – und dennoch: Vielleicht gibt es die Marke Opel bei Drucklegung dieses Buchs schon nicht mehr. Marken sind im ständigen Wandel begriffen. Müssen sich im Markt behaupten. Wollen prosperieren und sterben doch irgendwann. Wie geht so etwas?

Tausende Bücher zum Thema Marke sind weltweit erschienen. Alle neigen dazu, entweder die Marke als theoretisches Modell zu sezieren und sich in Definitionen zu ergehen oder vergangenheitsorientiert Regeln und Gesetzmäßigkeiten abzuleiten und diese in die Zukunft zu extrapolieren.[1]

---

[1] Das heißt: „aus Bekanntem unter Voraussetzung gleichbleibenden Verlaufs erschließen" (Duden 2017).

Beide Ansätze sind für den Markenverantwortlichen wenig hilfreich. Meist dienen sie rückwärtsgewandt zur Erklärung, warum es nicht geklappt hat und eigentlich nie geklappt haben konnte.

Unser Ansatz als Unternehmer und Markenverantwortliche ist es, kleineren und mittleren Unternehmen (KMU) das Thema Marke ganz pragmatisch und praxisorientiert näherzubringen. Herzstück des Buchs ist ein Praxischeck, bei dem Sie prüfen können, wie gut Ihr Unternehmen aufgestellt ist. Und damit der Test nicht folgenlos bleibt, geben wir Ihnen eine Vielzahl praktischer Umsetzungstipps an die Hand, wie Sie Ihre Markenperformance konkret verbessern können.

Wir sprechen in unserem Konzept von der **inneren und der äußeren Marke**. Denn eine vom Kunden wahrgenommene Marke ist eigentlich nicht mehr als ein Abziehbild der im Innenverhältnis gelebten Verhältnisse. Beide müssen den Kunden ansprechen, vor allem aber müssen die inneren Verhältnisse und das Image nach außen zueinanderpassen.

Wenn bei Nokia keine Innovation mehr kommt, man sich bei Blackberry auf den neuen Markt nicht einstellen will oder Karstadt ganz einfach Trends verpasst, Kunden sich in den sozialen Medien schlecht über meine teuer beworbene Marke auslassen und alle Maßnahmen erfolglos bleiben, dann bedeutet das, dass die Marke im Inneren die Leuchtkraft und die Befähigung für eine echte Marke verloren hat. Selbst die beste Marken- und Kommunikationsagentur kann dann nur kaschieren, in der Hoffnung, dass es nicht auffällt. Leider fällt es in Zeiten von Social Media zu häufig und zu schnell auf. Die Wahrheit lässt sich auf Dauer eben nicht beschönigen oder verbergen. Wenn die Marke keine Innovationskraft mehr hat, nicht authentisch ist oder einfach die Unwahrheit sagt, dann spürt das der sensible Erdbebenmesser namens Kunde.

Dieses Phänomen kann man auch in der Politik beobachten: Als der Pressesprecher des US-Präsidenten Trump ganz offensichtliche, leicht widerlegbare Falschinformationen über dessen Amtseinführung lieferte, ging ein Aufschrei durch Presse und soziale Netzwerke. Die beschönigende Bezeichnung „Alternative Facts" als Synonym für Unwahrheiten wurde geboren (vgl. Spiegel 2017).

Ob es sich nun um offenkundige Falschaussagen in der Politik oder im Markenversprechen von Unternehmen handelt: Wenn die „Alternative Facts" entlarvt werden, brechen Shitstorms los. Die Kommentarlisten in den sozialen Medien sind voller Negativbeurteilungen. So verlieren die Marken, Institutionen und Menschen an Wert und werden auf Dauer beschädigt. Für Unternehmen das Schlimmste: Die Menschen kaufen die Produkte und Dienstleistungen nicht mehr.

1.2   Markenwert

Eine Marke kann Glaubwürdigkeit vermitteln. Dazu muss das Unternehmen über
eine längere Zeit hin authentisch handeln und in einer überzeugenden Art und
Weise kommuniziert werden. Wie im Äußeren so im Inneren. Wenn sie es schafft,
glaubwürdig zu sein, entsteht echter Wert. Wert, der sich monetär bewerten lässt,
denn der Markenwert ist in der heutigen Denkwelt nichts anderes als der Wert der

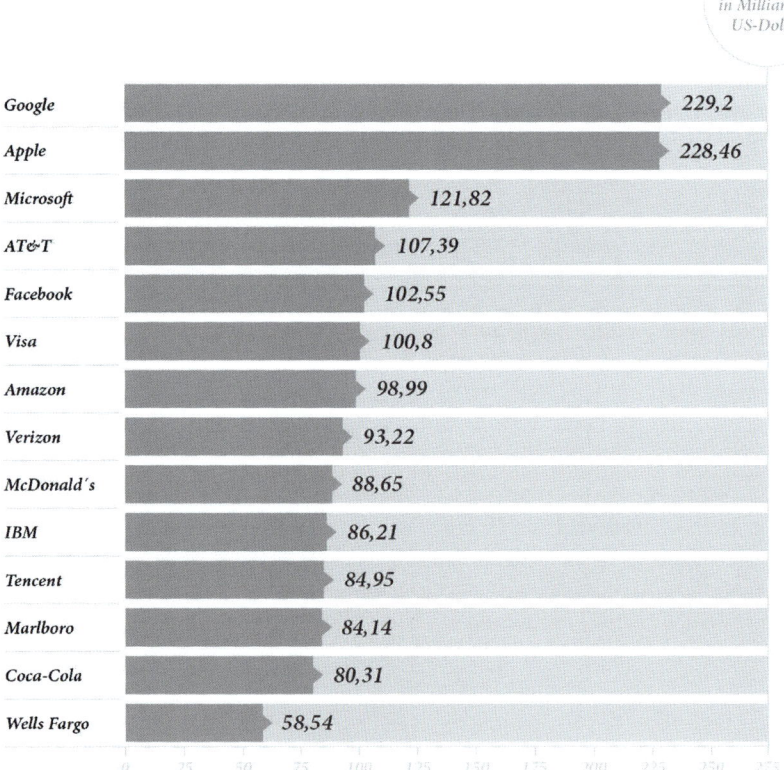

Abb. 1.1   Ranking der 25 wertvollsten Marken nach ihrem Markenwert im Jahr 2016, in
Milliarden US-Dollar. (Quelle: stilbezirk/Daten von BrandZ)

Unternehmensleistung in Euro oder Dollar. Wie an der Börse kann dieser steigen und sinken: Wenn ich vieles richtig mache, steigt der Wert, wenn ich vieles falsch mache, sinkt er.

Coca-Cola ist eine langlebige Marke, Google und Apple sind aktuell (Stand: 2016) die wertvollsten Marken der Welt, Facebook und YouTube wurden extrem schnell zur weltweiten Marke. Abb. 1.1 zeigt ein Ranking der wertvollsten Marken weltweit im Jahr 2016. Der Markenwert von Google beläuft sich laut BrandZ auf rund 229,2 Milliarden US-Dollar. Auf dem zweiten und dritten Rang folgen Apple (228,46 Mrd. US-Dollar) und Microsoft (121,82 Mrd. US-Dollar).

Marken stellen also echte Vermögenswerte dar, die dem Eigenkapital des Unternehmens zugeordnet werden. Folglich beeinflussen sie das Ergebnis und die Strategie ganz wesentlich. Diese Auffassung kam Ende der 1980er Jahre auf und sie zeitigte radikale Folgen: War das Markenmanagement von Unternehmen zuvor reaktiv und taktisch ausgerichtet, muss es nun strategisch und visionär gestaltet sein, um Erfolg zu haben (vgl. Aaker et al. 2015, S. 3, 5). Das Schicksal von CEOs wird daher oftmals an die Wertentwicklung geknüpft. Rein taktisches und operatives Markenmanagement ist in der heutigen Zeit wenig hilfreich. Das Markenmanagement ist als zentraler Kern der Unternehmensstrategie zu begreifen. Eine systematische Herangehensweise ist dabei das A und O.

Kunden treffen oftmals „Kaufentscheidungen aufgrund von Markenelementen, die sich deutlich von solchen wie Preis und funktionalen Eigenschaften unterschieden. Quantitative Unterstützung erhält das Konzept durch datenbasierte Untersuchungen, die tatsächlich zeigten, dass Marken tatsächlich einen substantiellen Vermögenswert darstellen" (Aaker et al. 2015, S. 4).

Die Marke ist ein Qualitätsversprechen und nicht eine einmalige Leistung oder ein Hemd, das einfach gewechselt werden kann. Es gilt der Grundsatz: Erfolg mit System. Ein systematisches Markenmanagement hat aber noch weitere Vorteile. Denn wenn sich Mitarbeiter mit dem Unternehmen oder einer Marke identifizieren, sind sie dem Arbeitgeber gegenüber loyaler. Sie wechseln seltener den Job als andere, die sich nicht mit dem Unternehmen oder der Marke identifizieren. Eine positive Folge für das betreffende Unternehmen: Die Fluktuationskosten sinken (vgl. Koch 2013, S. 36). Echte Marken ziehen zudem Kunden an und schaffen Zusatzkäufe.

Ein gutes Markenimage erleichtert das Recruiting und die Wiederbeschaffungskosten von Mitarbeitern. „Ein ausgeprägtes Image als Unternehmen, das die Arbeiter ernst nimmt und ihre Interessen berücksichtigt, spart dem Unternehmen Gehaltskosten" (Koch 2013, S. 36).

▶   Für uns heißt das übersetzt: **Alles ist Marke.**

Alles – wirklich alles – ist damit gemeint. Im Mittelpunkt steht die strategische Markenentwicklung und nichts sonst. Der Name Unternehmen wird ersetzt durch den Namen Marke. Alles, was der Marke guttut, wird gemacht. Alles, was der Marke schadet, wird unterlassen. Das ist das Paradigma der neuen Businesswelt.

Wir werden Sie in diesem Buch durch ein extrem pragmatisches Modell der Markenführung leiten. Es besteht im Kern aus einem Markencheck, den Sie selbst durchführen können, und aus Maßnahmen, die Sie aus dem Ergebnis ableiten. Unser Buch ist folgendermaßen aufgebaut:

In sieben Kapiteln geben wir Ihnen einen Leitfaden an die Hand, wie Sie Ihre Marke zum Erfolg führen. Sie erfahren, wie Sie Ihre Marke erfolgreich digitalisieren und wie wichtig Online-Marketing ist Kap. 2). Im Markencheck (Kap. 3) überprüfen Sie, inwieweit Sie die Befähigerkriterien für die innere und äußere Marke erfüllen. Als Ergebnis erhalten Sie Ihre Markenauswertung als Drei-Kräfte-Modell und als Faktorenauswertung. Die einzelnen Erfolgsfaktoren einer Marke stellen wir Ihnen in Kap. 4 detailliert vor. Welche Rolle Auszeichnungen und Prüfsiegel für den Markenerfolg spielen, erfahren Sie in Kap. 5. In Kap. 6 erhalten Sie ein umfassendes Markenmanagementsystem an die Hand. Eine Schlussbetrachtung (Kap. 7) rundet das Buch ab.

Bevor wir jedoch starten, lassen Sie uns kurz die Theorie streifen.

1.3   Markentheorie: Definition und Geschichte

Was ist eine Marke, was ist eine Brand? Für den Fachbegriff der Marke gibt es eine Unzahl von Erklärungsversuchen, Definitionen und Interpretationen.[2] Wir möchten uns weniger mit den theoretischen Modellen und deren Diskussion beschäftigen als viel mehr mit dem praktischen Aufbau und der Umsetzung eines

---

[2] Der VDI schreibt zur Markendefinition: „Die Marke besteht, formal betrachtet, aus einem oder mehreren Zeichen (Wörtern), Namen, Abbildungen, Buchstaben-/Zahlenkombinationen, Klängen einer dreidimensionalen Gestalt einer Form, Verpackung oder einer sonstigen Aufmachung inklusive prägnanter Farben und Farbzusammenstellungen" (VDI 2013, S. 8).

effektiven Markenmanagements. Trotzdem soll das Konstrukt Marke auch theoretisch bestimmt werden. Dazu dient uns eine einschlägige Definition von Radtke:

> „Marke wird definiert als die Gesamtheit einer mit einem Namen oder einem ähnlich prägnanten Brandingelement versehenen Identität und den dadurch ausgelösten Vorstellungsbildern (Images) in den Köpfen der Anspruchsgruppen, die eine Differenzierung gegenüber den Vorstellungsbildern (Images) von anderen in Konkurrenz stehenden Objekten bewirken und das Verhalten der Anspruchsgruppen, insbesondere ihr Wahl- und Kaufverhalten, beeinflussen" (Radtke 2014, S. 1).

Die Marke als Begriff und System ist natürlich nicht neu. Schon immer wurden eigene Produkte markiert. „Der jahrhundertealte Brauch Produkte zu kennzeichnen und sie damit aus der Anonymität zu heben, kann als direkter Vorfahre des modernen Markenbegriffs gesehen werden" (Boldt 2010, S. 4).

Der Ausdruck „Branding" als andere Bezeichnung für Markengebung stammt aus der amerikanischen Viehzucht.[3] Indem die Züchter Kühen ein Brandzeichen – ein Branding – aufdrückten, kennzeichneten sie sie als ihr Eigentum. Da einige Viehzüchter aber besonders gute Kühe züchteten, stand ihr Brandzeichen für echte Qualität. Das Branding oder Markenmanagement war geboren.

Eine Marke benötigt den Mut zu Einzigartigkeit und Kontinuität! Eine Marke ist dann stark, wenn sie wiedererkannt wird. Markenmanagement gibt es schon seit Langem. Als „Godfather of Brand Creation" kann man den Nürnberger Maler, Grafiker und Kunsttheoretiker Albrecht Dürer bezeichnen. Schon im späten 15. und im frühen 16. Jahrhundert signierte und brandete er seine Kunstwerke mit einem unverwechselbaren Monogramm, um sich von Nachahmern und Konkurrenten abzuheben. Eine Marke war geboren. Dürers „AD"-Brandzeichen ist *das* Markenzeichen schlechthin, Ausdruck für einzigartiges Können, Selbstvertrauen, wie auch für Selbstbewusstsein: Seht her, hier bin ich!

---

[3] „Brand und Marke werden oft als Synonyme behandelt. Branding kommt von ‚Signet auf Rinder aufbrennen' und symbolisiert einen Besitzanspruch. Marke (franz. marque = (Kenn) zeichen, zu: marquer, markieren) (engl. mark) entstammt ebenfalls der Idee, etwas zu markieren, doch der ursprüngliche Sinn war anders. Man signierte seine Produkte, um seinen qualitativen Leistungsanspruch zu unterstreichen." (Gruber o. J.).

Albrecht Dürer – der „Godfather of Brand Creation"

Quelle: Mariens Verehrung. Um 1502. © Städel Museum – ARTOTHEK.[4]

„Dürer wird kopiert. Massiv kopiert. Um 1500 entspricht das Nachfertigen gefragter Grafiken den üblichen Marktgepflogenheiten. Der Meister ist einer der ersten, die sich ihr Monogramm schützen lassen, denn die Marke Dürer droht durch billige Plagiate zu verwässern. ‚Wehe dir, Betrüger und Dieb von fremder Arbeitsleistung und Einfällen, lass es dir nicht einfallen, deine dreisten Hände an diese Werke anzulegen!‘, wettert Dürer in einem – durch keine anderen Quellen bestätigten – Druckprivileg, ausgestellt von Kaiser Maximilian I. [sic!] Dieses stellt er der Druckfolge des ‚Marienleben‘ aus dem Jahr 1511 voran. Damit baut er seinen Betrieb zur Marke aus. So verhindert Dürer, dass die zahlreichen Nachahmungen die Marktchancen eigener Produkte senken, indem sie mit diesen verwechselt werden oder durch falsche Auszeichnung den Ruf des Namens schädigen. Das ‚Marienleben‘ wird zum ersten Fall, in der nicht nur der Arbeitsaufwand des Entwerfens, sondern auch der künstlerische Einfall als schützenswert empfunden wird" (Schwerdtfeger 2014).

1.4 Markenidentität und Markenimage

Auch wenn es für manche hart ist: Eine Marke kann nicht über eine Agentur einfach gekauft werden. Eine Marke kann nur jemand werden, der die wesentlichen Aussagen und Versprechen im Innenverhältnis lebt und im Außenverhältnis gut kommuniziert. Es handelt sich um zwei Seiten einer Medaille, die zusammenpassen müssen, um authentisch zu sein. Wären die Werke Dürers von geringerer Qualität gewesen, wären sie nicht über Jahre hinweg immer wieder reproduziert worden. Sein Markenmanagement hätte ihm wenig genützt.

Eine Marke besteht aus zwei verschiedenen Sichtweisen: der Vorstellung der Protagonisten und der Markenverantwortlichen sowie der Sichtweise der Kunden und Rezipienten. In der Theorie wird daher unterschieden zwischen Markenidentität und Markenimage, zwischen Anspruch und Wirklichkeit.

---

[4] vollständiger Bildnachweis:
Bildnummer: 28245; Künstler: Dürer, Albrecht, 1471–1528; Bildtitel: Mariens Verehrung. Um 1502; Technik: Holzschnitt; Standort: Graphische Sammlung, Städel Museum Frankfurt am Main; Foto: © Städel Museum – ARTOTHEK, http://blog.staedelmuseum.de/marke-ad-der-unternehmerische-geist-albrecht-durers/

▶ Markenimage definiert Radtke dabei „im Sinne einer schlüssigen
Gesamtkonzeption als die Gesamtheit der Vorstellungsbilder über eine
Marke in den Köpfen der Anspruchsgruppen, die sich auf Grund der
von ihnen subjektiv wahrgenommenen Attribute, Nutzen und Persönlichkeit der Marke ergeben" (Radtke 2014, S. 2).

Kurz gesagt: Ein gutes Markenimage hätten alle gern! Markenimage spielt sich
im Hirn der Kunden ab. Markenimage ist das, was andere von Ihrer Marke denken
oder halten. Heute definiert sich eine Marke über die gleichbleibend hohe Qualität
einer Leistung, eine gewisse Verknappung und die Einhaltung der wesentlichen
Werte. Nimmt die Qualität einer Leistung gemäß der Erwartungshaltung einer
Zielgruppe ab, entsteht ein Verlust an Reputation, die Marke verliert an Wertschätzung und Zustimmung – letztendlich an Strahlkraft und Wert.

Albrecht Dürer hatte – neben herausragendem künstlerischem Talent – ein ausgeprägtes Marken- und Marketingverständnis. Selbst heute, rund 500 Jahre später,
ist Dürer noch so beliebt, dass sich Künstler immer wieder mit ihm auseinandersetzen und ihn als Inspiration sehen: 2003 zierten beispielsweise rund 7000 grüne
Dürer-Hasen den Nürnberger Hauptmarkt und verwandelten ihn in eine riesige
Rasenfläche, die an Dürers Aquarell „Das große Rasenstück" erinnern sollte. Der
Künstler Professor Ottmar Hörl nutzte Anregungen aus dem Werk des „Godfather
of Brand Creation", um etwas Neues, Kreatives zu schaffen und wurde selbst zur
Marke. Das ist erfolgreiche Brand Creation!

▶ Auf der anderen Seite des Markenimages steht die Markenidentität:
„Bei der Markenidentität handelt es sich um ein ‚Aussagenkonzept' und
ein ‚Führungskonzept', das zum Ausdruck bringt, für welche wesensprägenden Merkmale die Marke stehen soll. Man könnte also die Markenidentität als Wunschvorstellung und das Markenimage als Ergebnis
betrachten" (Radtke 2014, S. 3).

Eine gut geführte Marke ist also ein Bild, bei dem sich Markenidentität und Markenimage möglichst positiv entsprechen, das ist das Ziel.[5]
Für uns ist eine Marke ein lebendiger Organismus. Sie ist ein offenes System. Sie
unterliegt Außen- und Inneneinflüssen. Hat eine Selbstbestimmung. Will möglichst

---

[5] „Zusammenfassend kann man sagen, dass Markenidentität und Markenimage in einem permanenten Austauschprozess stehen" (Radtke 2014, S. 3; vgl. auch; Burmann et al. 2012,
S. 28, 73 f.).

lange leben und hat Gegner, die das Leben der Marke möglichst erschweren oder gleich beenden wollen.

Die Regeln und Gesetze für ein gutes Markenmanagement gelten für kleine und große Unternehmen, für den Freiberufler wie für den Handwerker. Echtes Markenmanagement führt möglichst zu einer Deckungsgleichheit zwischen Markenidentität und Markenimage durch das eigene **Tun**.

1.5   Marken sind Versprechen

Die Marke muss letztendlich wirkungsbezogen betrachtet werden. Eine Marke macht etwas mit uns. Sie schafft Vertrauen, verführt, regt an, schafft Freude und zaubert ein Lächeln hervor. Marken tun für ihre Kundschaft viel Gutes. Marken versprechen aber nicht nur bestimmte Dinge, sondern sie halten diese auch – Jahr für Jahr.

Laut Welling (2006) kann eine Marke nicht nur als Zeichen, als Absatzobjekt, sondern eben auch als Wirkung definiert werden. Eine Marke ist auch selbstsüchtig: Natürlich will sie für etwas stehen und bei den Kunden und möglichen Käufern etwas bewirken. Sie will in Erinnerung bleiben, zum Wiederkauf anregen und Kundenloyalität hervorrufen.

Für manche ist eine Marke ein „positives Vorurteil" (Zschiesche und Errichiello 2012, S. 10). Die Marke signalisiert bestimmte Qualitäten und die Vorstellung wird vom Kunden auch auf neue Produkte oder Angebote der Marke projiziert, obwohl das neue Angebot unbekannt ist.[6] Andere sprechen von Markenvertrauen als Grad, in dem sich ein Konsument auf eine Marke verlassen kann (vgl. Esch 2003, S. 75).

1.6   Das Konzept: Entwicklung eines markensemantischen Raums

Wie bringen Sie nun das theoretische Modell der Markenidentität und des Markenimages in Einklang? Wie gehen Sie dabei pragmatisch vor? Als verbindendes

---

[6] „Wirkungsbezogen ist die Marke eine im Bewusstsein des Kunden verankerte Vorstellung, die das Angebot differenziert. Diese eigentliche Marke entsteht im Kopf eines Betrachters. Sie ist mehr als die physikalische Abbildung. Sie ist die emotionale Identifikation mit den Werten, die durch die Abbildung oder die Nennung des Markennamens oder Markenbilds im Kopf des Konsumenten hervorgerufen wird" (VDI 2013, S. 9).

Element zwischen Markenidentität und Markenimage kann das Konzept der inneren und äußeren Marke für die Markenführung gesehen werden (Abb. 1.2).[7]

Eine Marke stellt eine Art Konstrukt, einen markensemantischen[8] Raum dar, der eine Heimat für bestimmte Anspruchsgruppen, emotionalen Mehrwert und Nutzen vermittelt. Dieser Raum bietet Entscheidungssicherheit für den Kunden und Partner. **Semantische Räume lassen sich bilden, konstruieren und steuern.** Das Konzept der inneren und äußeren Marke hilft, diesen Raum aufzubauen. Wie kann das gelingen? Zunächst stehen Marken für etwas und haben einen Antrieb. Die Markenidentität nennen wir **Anspruch**. Er steht im Mittelpunkt unseres Modells. Auf Basis des Anspruchs sind unterschiedliche Kriterien zu erfüllen, damit das erwünschte Markenimage Wirklichkeit wird. Von diesen Kriterien handelt dieses Buch.

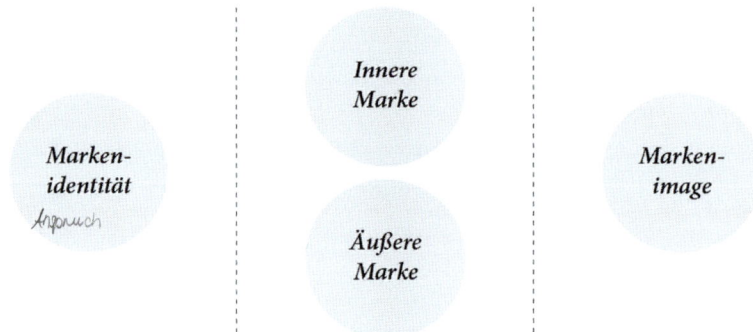

Abb. 1.2   Das Konzept der inneren und äußeren Marke. (Quelle: stilbezirk)

---

[7] Dieses Konzept wurde von Sascha Kugler, Autor dieses Werkes, entwickelt.

[8] „Ein ‚semantischer Raum' ist in Anlehnung an Lotman ein semantisch-ideologisches Teilsystem der dargestellten Welt, charakterisiert durch eine Menge von Merkmalen, Werten, Normen, Regularitäten, die bezüglich mindestens eines seiner Charakteristika zu einem anderen semantischen Raum dieser Realität in Opposition steht, so dass [sic!] die Grenze zwischen beiden als unüberschreitbar gilt und dass somit die Überschreitung, sofern sie doch stattfindet, als ein ‚Ereignis' angesehen werden kann" (Lexikon der Filmbegriffe 2011). Juri Lotman begriff Kultur als Hierarchie von Zeichensystemen. Er leistete damit einen großen Beitrag zur semiotischen Kulturtheorie.

Durch die systematische Nutzung dieser Kriterien oder auch Raumfaktoren entsteht die Strahlkraft Ihres Unternehmens – eine Art morphogenetisches Energiefeld oder einfach ein für Kunden, Partner und Mitarbeiter gleichermaßen hoch attraktives Unternehmen (vgl. Kugler 2015). Durch diese Markenkriterien führen wir Sie in den folgenden Kapiteln.

1.7 Markenkern und Markenessenz

Wie beginnen? Zunächst gilt es, die Ausgangslage zu klären. Als Basis dient uns das Konzept des Markenkerns (Bates Brand-Wheel-Markenkernmodell). Im Herz des Modells steht die sogenannte Brand Essence – oder deutsch: Markenessenz. „Sie ist der Markenkern, der die einzigartige Idee ausdrückt, auf der die Marke aufgebaut ist" (Radtke 2014, S. 34). Die Markenessenz kann sich in einem einzigen Gedanken verdichten. Sie gibt an, wofür eine Marke wirklich steht. Eine Marke wird oft aus einer Engpassüberwindung geboren. Für diese Problemlösung hatte sich einst bereits der Unternehmensgründer mit Verve eingesetzt.

▶   „Marke werden kann ich nur, wenn ich Leidenschaft und Begeisterung für das, was ich bin und tue, empfinde" (Multerer 2013, S. 75).

Eine Marke differenziert sich vom Wettbewerb. Sie muss einmalig sein. In der Abgrenzung und vor allem im Leistungsmix. Sie müssen Ihr Unternehmen zunächst im Kern beschreiben, greifbar machen, erklären, warum Sie besonders sind.

▶   „Was von einem Wettbewerber nicht kopiert werden kann, ist ein Unternehmen – seine Mitarbeiter, Kultur, Tradition, Vermögenswerte und Fähigkeiten –, da dies einzigartig ist. Deshalb wird jedes Differenzierungsmerkmal und jede Kundenbeziehung, die mit dem Unternehmen und nicht dem konkreten Produktangebot verbunden wird, weitaus beständiger und widerstandsfähiger gegen Bedrohungen des Wettbewerbs sein" (Aaker et al. 2015, S. 39).

Folgende Leitfragen helfen bei der Suche nach dem Markengeburtsgrund, dem Markenkern und damit nach dem eigenen Anspruch (vgl. Zschiesche und Errichiello 2012, S. 23):

1. Welches Problem lösen Sie?
2. Welche Leistungen können als Ursache für den Unternehmenserfolg gesehen werden?

3. Welche Leistungen werden immer wieder nachgefragt?
4. Welche Leistungen Ihres Unternehmens sind einzigartig (Auszeichnungen, Services, Patente etc.)?
5. Welche Leistungen kommen und kamen in der Vergangenheit bei der Kundschaft besonders gut an?
6. Welche Produkte oder Leistungen werfen den höchsten Anteil am Gewinn ab – gibt es Unterschiede zwischen früher und heute?

Aus den Antworten lässt sich der Markenkern (Abb. 1.3) herausarbeiten. In Kap. 4 finden Sie eine Anleitung dazu.

Ist wirklich ein einzigartiger Markenkern, eine Markenessenz vorhanden, dann können Sie mit der systematischen Markenarbeit und Umsetzung beginnen. Diesen Markenkern gilt es dann so zu übersetzen, dass Menschen die Marke wahrnehmen,

Abb. 1.3   Der Markenkern.
(Quelle: stilbezirk)

Abb. 1.4   Drei Dimensionen des Markenkerns. (Quelle: stilbezirk)

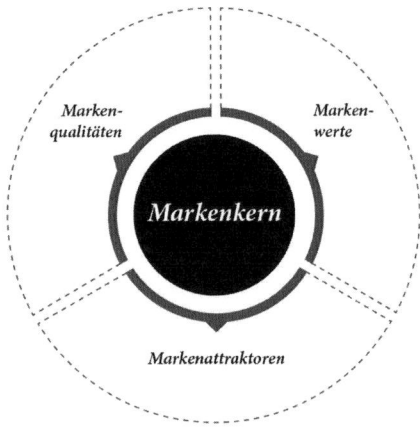

verstehen und lieben können. Wir übersetzen den Markenkern in drei Dimensionen, wie auch in Abb. 1.4 dargestellt:

- Markenqualitäten: Wie sehen die Eigenschaften aus?
- Markenwerte: Wofür steht die Marke?
- Markenattraktoren: Was leistet die Marke für mich?

Jede Marke steht für einen ganz bestimmten Mix von Markenqualitäten, Markenwerten und Markenattraktoren. Jede Marke hat ihren eigenen Charakter, der sich von anderen abgrenzt.

Sehr oft werden in der Vermarktung oder in der Markenführung die funktionalen Markenqualitäten für den Konsumenten in den Vordergrund gestellt. Ist ja auch einfacher, als den emotionalen Gehalt einer Marke zu vermitteln. Es werden dann vor allem Produkteigenschaften dargestellt und vermarktet.

„Den Fokus auf den funktionalen Nutzen zu legen, scheint verlockend. Wir nehmen an, wenn wir uns im Hochtechnologie- oder B2B-Sektor bewegen, dass Kunden rational sind und von funktionalen Vorteilen beeinflusst werden können" (Aaker et al. 2015, S. 51).

Wenn Kunden befragt werden, warum sie ein bestimmtes Produkt kaufen, nennen sie oft Produkteigenschaften. Daher konzentrieren sich Marketingverantwortliche gerne darauf. Werden Kunden eher abstrakt gefragt – also nicht nach einem konkreten Angebot, sondern nach den eigenen Gründen, warum sie sich für ein Angebot entscheiden würden –, werden weitere wesentliche Nutzenparameter genannt.

▶ „Kunden als ‚rational handelnde Wesen' zu betrachten ist bequem, aber meistens falsch" (Aaker et al. 2015, S. 51).

Schauen wir mal, wie Sie ticken Es bietet sich eine ganz einfache Übung an: Versetzen Sie sich in die Lage eines potenziellen Kunden für Ihre Produktart oder Dienstleistungsart. Stellen Sie sich vor, zehn potenzielle Kunden betrachten die Websites/Angebote von zehn verschiedenen Anbietern.

Überlegen Sie nun, warum sich Kunden für ein Angebot/für einen Anbieter entscheiden. Wie sehen die Kaufkriterien aus? Das kann sein: hohe Qualität, cooles Design, perfekter Service, schnelle Lieferung, niedriger Preis, hoher Preis, revolutionäres Angebot, Sicherheit, Innovation, Image und Prestige, Exklusivität, aktive Community, Nachhaltigkeit, hoher ethischer Anspruch, umweltbewusste Produktionsweise etc.

Wie sehen die Kaufkriterien für Ihr Angebot aus? Tragen Sie sie hier ein

_____

_____

_____

_____

_____

_____

_____

_____

_____

_____

_____

_____

_____

_____

Nachdem Sie die Kriterien bestimmt haben, bewerten Sie nun, wo Sie aus Markt-
sicht schon gut aufgestellt sind und wo es noch Nachholbedarf gibt, indem Sie
eine Zahl auf einer Skala von 1 – 10 rechts daneben schreiben. Denken Sie einfach
daran: Alle diese Punkte laufen in Bruchteilen einer Sekunde im Kopf der Kunden
ab und entscheiden über Kontaktaufnahme und Kauf. Alles unter 8 sollte sofort
verbessert werden! Jon Christoph Berndt und Sven Henkel sagen dazu:

▶ „Jeder Markenwert ist wichtig, aber nicht jeder ist differenzierend.
   Die einen sind für das Funktionieren des Unternehmens wichtig,
   die anderen für die Abgrenzung vom Wettbewerb. Relevant ist, was
   der Kunde für relevant hält. Nur wer konsequent die Perspektive des
   Kunden einnimmt, kann für ihn wesentliche Botschaften vermitteln"
   (Berndt und Henkel 2014, S. 53).

Die Markterfolgsfaktoren lassen sich in drei große Kategorien packen, denn eine
Marke bietet, abgeleitet von den Markenqualitäten, Markenwerten und Markenattraktoren **im Kern einen dreifachen Nutzen** (Abb. 1.5):

• Markenqualitäten = rationaler/funktionaler Nutzen
• Markenattraktoren = emotionaler Nutzen
• Markenwerte = sozialer Nutzen

Abb. 1.5 Der dreifache Nutzen von
Marken. (Quelle: stilbezirk)

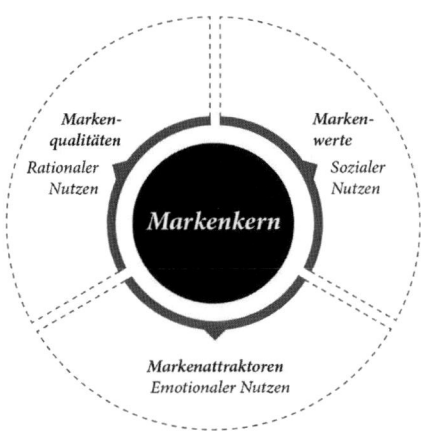

Der rationale oder funktionale Nutzen entspricht den echten Qualitäten, den Hard Facts, den Produkteigenschaften. Hier kann nach Herzenslust getestet, verifiziert und geprüft werden. In Anlehnung an Sascha Kugler (2011) nennen wir die Kraft, die diesen Nutzen hervorruft, **Strukturkraft** und das Ergebnis **Sicherheit.**

Der emotionale Nutzen „bezieht sich auf die Fähigkeit der Marke, dem Käufer oder Verbraucher während des Kaufprozesses oder der Nutzung ein spezifisches Gefühl zu vermitteln bzw. empfinden zu lassen. […] Ein emotionaler Nutzen ergänzt die Marke um Vielfalt und Tiefe in Bezug auf ihren Besitz und ihre Nutzung" (Aaker et al. 2015, S. 53). In Anlehnung an Sascha Kugler (2011) nennen wir die Kraft, die diesen Nutzen hervorruft, **Aufbruchskraft** und das Ergebnis **Attraktivität.**

„Der soziale Nutzen ist gegeben, wenn er ein Gefühl der Identität und Zugehörigkeit vermittelt – etwas, wonach Menschen grundsätzlich streben. Die meisten Menschen brauchen eine soziale Gruppe, der sie sich zugehörig fühlen, ob es nun die Familie, die Kollegen, eine Freizeitgruppe oder etwas anderes ist" (Aaker et al. 2015, S. 53). In Anlehnung an Sascha Kugler (2011) nennen wir die Kraft, die diesen Nutzen hervorruft, **Gemeinschaftskraft** und das Ergebnis **Authentizität.**

Hier nun die Wirkungsketten der einzelnen Markterfolgsfaktoren:

- Markenqualitäten = rationaler/funktionaler Nutzen = Ergebnis Sicherheit
- Markenattraktoren = emotionaler Nutzen = Ergebnis Attraktivität
- Markenwerte = sozialer Nutzen = Ergebnis Authentizität

Ordnen Sie Ihre oben bestimmten Kriterien nun in die folgenden drei Gruppen ein:

Der funktionale Nutzen Ihres Produktes:

_____

_____

_____

_____

_____

_____

Der emotionale Nutzen Ihres Produktes:

_____

_____

_____

_____

_____

_____

Der soziale Nutzen Ihres Produktes:

_____

_____

_____

_____

_____

_____

Der Markenkern bestimmt den Anspruch. Für wen sind wir da? Wie gut wollen wir sein? Wofür stehen wir? Zusammen mit den Markenqualitäten, den Markenattraktoren und den Markenwerten wird die Markenidentität beschrieben.

Nun gilt es, diese in die Wirklichkeit zu übersetzen und das erwünschte Markenimage zu erzeugen, den markensemantischen Raum aufzuspannen und die Strahlkraft zu entwickeln. Wir stellen die Strahlkraft als rote, grüne und blaue Fläche dar (Abb. 1.6).

Im Mittelpunkt Ihrer Markenaktivitäten stehen der eigene Anspruch und die systematische Umsetzung. Diesen Anspruch gilt es zu entwickeln. Die Wirksamkeit des markensemantischen Raums lässt sich prüfen. In Kap. 3 können Sie diesen Test selbst durchführen.

Abb. 1.6   Die Strahlkraft einer Marke.
(Quelle: Alchimedus Management GmbH)

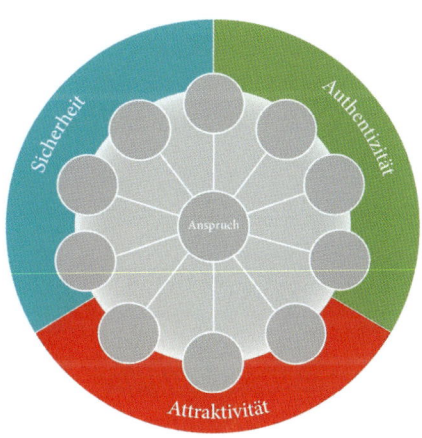

Beispiel Mercedes

Wir haben gesehen, dass die Kombination aus Markenqualitäten, Markenattraktoren und Markenwerten ganz spezifisch über Substantive und dazu passende Adjektive definiert werden kann. So entsteht ein einzigartiger und unverwechselbarer Markenmix.

Als Praxisbeispiel führen wir gerne das Beispiel Mercedes 2009/2010 an. Die Marke hatte nach Jahren der Diversifikation an Glanz verloren und besann sich auf den eigenen Markenkern – den Führungsanspruch im Automobilbau.

So beschrieb Bernd Ostmann (2010) in der Oktober-Ausgabe der Zeitschrift „Auto, Motor und Sport" den Mercedes-Marken-Claim und den damit verbundenen Führungsanspruch der Nobelmarke in den drei Dimensionen:

1. Perfektion
2. Faszination
3. Verantwortung

Jede Dimension wurde dann mit einem Substantiv und einem Adjektiv beschrieben:

1. Perfektion interpretiert Mercedes als
   a. vorbildliche Sicherheit
   b. erlebbare Qualität
   c. leistungsfördernden Komfort
2. Verantwortung bedeutet für Mercedes
   a. ganzheitliche Nachhaltigkeit
   b. leidenschaftliche Innovationskraft
   c. begeisternde Kundenbetreuung

3. Faszination stiftet Mercedes mit
   a. kultivierter Sportlichkeit
   b. unverwechselbarem Stil
   c. richtungsweisendem Design

Dieses Markenrad wurde richtungsweisend für die erfolgreiche weitere Entwicklung der Marke.

Ihr Transfer in die Praxis

* Marken sind nicht einfach da, sie werden entwickelt.
* Was ist Ihr Markenkern?
* Wie definieren Sie Ihren Markennutzen?

Literatur

Aaker, D., F. Stahl, und F. Stöckle. 2015. *Marken erfolgreich gestalten. Die 20 wichtigsten Grundsätze der Markenführung*. Wiesbaden: Springer Gabler.

Berndt, J. C., S. Henkel, und Brand New. 2014. *Was starke Marken heute wirklich brauchen*. München: Redline Verlag.

Bialek, C. 2016. Opel parkt die Werbung um. 23. Mai. http://www.handelsblatt.com/unternehmen/industrie/neue-agenturen-opel-parkt-die-werbung-um/13625436.html. zugegriffen: 09. März. 2017.

Boldt, S. 2010. *Markenführung der Zukunft: Experience Branding, 5-Sense-Branding, Responsible Branding, Brand Communities, Storytising und E-Branding*. Hamburg: Diplomica Verlag.

Burmann, C., T. Halaszovich, und F. Hemmann. 2012. *Identitätsbasierte Markenführung: Grundlagen – Strategie – Umsetzung – Controlling*. Wiesbaden: Springer Gabler.

Duden. 2017. http://www.duden.de/rechtschreibung/extrapolieren. zugegriffen: 14. Febr. 2017

Esch, F.-R. 2003. *Strategie und Technik der Markenführung*, 2. Aufl. München: Verlag Franz Vahlen.

Gruber, R. (o. J.). Was ist Branding? , https://www.richards-gold.ch/was-ist-branding.html. zugegriffen: 14. Febr. 2017.

Koch, K.-D. Hrsg. 2013. *No. 1 Brands. Die Erfolgsgeheimnisse starker Marken*. Zürich: Orell Füssli.

Kugler, S. 2011. Die Alchimedus-Methode: Kompendium der Erfoschung von Erfolgsfaktoren für Menschen und Unternehmen. Plauen: FLVG Verlagshaus.

Kugler, S. 2015. *SUCCESS-DNA: Die zwölf Gesetze des Erfolges*. Hamburg: Kreutzfeldt digital.

Lexikon der Filmbegriffe. 2011. semantischer Raum, http://filmlexikon.uni-kiel.de/index. php?action=lexikon&tag=det&id=4406. zugegriffen: 14. Febr. 2017

Multerer, D. 2013. *Marken müssen bewusst Regeln brechen*. Offenbach am Main: GABAL.

Ostmann, B. 2010. Sternstunde. In: Auto, Motor und Sport, Nr. 13, S. 158.

Radtke, B. 2014. *Markenidentitätsmodelle. Analyse und Bewertung von Ansätzen zur Erfassung der Markenidentität.* Wiesbaden: Springer Gabler.

Schwerdtfeger, P. 2014. AD Marke: Der unternehmerische Geist Albrecht Dürers, http:// blog.staedelmuseum.de/marke-ad-der-unternehmerische-geist-albrecht-durers/. zugegriffen: 14. Febr. 2017.

Spiegel 2017. http://www.spiegel.de/politik/ausland/usa-donald-trumps-sprecher-verkuendet-neue-regeln-fuer-journalisten-a-1131358.html. zugegriffen: 14. Febr. 2017

VDI. Hrsg. 2013. *VDI 4506 Blatt 4. Strategischer Vertrieb – Markenmanagement mit dem Business-Coach.* Berlin: Beuth Verlag.

Welling, M. 2006. *Ökonomik der Marke: Ein Beitrag zum Theorienpluralismus in der Markenforschung.* Wiesbaden: Deutscher Universitätsverlag.

Zschiesche, A., und O. Errichiello. 2012. *30 Minuten Markenführung.* Offenbach am Main: GABAL.

Die äußere Marke in der digitalen Revolution

2

Dieses Kapitel zeigt auf, wie wichtig eine gute digitale Strategie für Unternehmen ist. Denn die Digitalisierung steht nicht erst am Anfang, sondern sie ist bereits in vollem Gange. Sie erhalten zahlreiche Tipps, worauf Sie beim digitalen Marketing achten sollten.

Was Sie aus diesem Kapitel mitnehmen

- Wie man den passenden „Tribe" zu seiner Marke findet und dessen Bedürfnisse befriedigt
- Worauf man als Unternehmen beim Online-Marketing achten sollte
- Wie wichtig Agilität ist

2.1 Die digitale Revolution ist in vollem Gange

Wenn wir uns einmal die Welt da draußen ansehen, dann stellen wir wirklich Revolutionäres fest. Betrachten wir jeweils die zehn wertvollsten Marken im Jahr 2006 und im Jahr 2016 (Tab. 2.1).

Innerhalb von nur zehn Jahren hat sich das Bild von einer recht durchmischten Liste voll und ganz zu einer klaren Fokussierung auf Internet-, Daten- und Kommunikationsunternehmen verändert. Das heißt, dass die wertvollsten Güter nicht mehr Energie, Lebensmittel oder Hardware sind, sondern Daten. Im Jahr 2017 sprechen wir von den GAFA:

▶ „Die Macht, die die Welt beherrscht, hat weder Panzer noch Soldaten. GAFA regiert nicht mit Waffen, GAFA regiert mit Geld. Mit Billionen und

© Springer Fachmedien Wiesbaden GmbH 2018
S. Kugler, H. von Janda-Eble, *Markenmanagement mit System*,
https://doi.org/10.1007/978-3-658-16225-2_2

Aberbillionen Dollar. Mit Summen, höher als die Wirtschaftsleistung mancher Staaten. Der Zirkel besteht aus vier Unternehmen, die sich von Start-ups zu globalen Giganten aufgeschwungen haben: Google, Apple, Facebook und Amazon. GAFA. [...] Die vier amerikanischen Internetunternehmen besitzen einen Marktwert von 1,7 Billionen Dollar. Das entspricht in etwa dem Bruttoinlandsprodukt der einstigen Supermacht Russland" (Beutelsbacher et al. 2016).

Frühjahr 2016. Die digitale Revolution ist in vollem Gange. Ist die Welt des Marketings geteilt? Der eine Teil digital – manche sogar als Natives – und der andere wie immer und noch analog? Die einen denken nur noch an KPIs, Social Media, Mobile Marketing, Micro Influencer und Big Data und die anderen immer noch an Reichweiten, Zielgruppen, Marktforschung und Kampagnen?

Aber gibt es diese Trennung wirklich, bzw. ist sie zumindest noch bewusst nachvollziehbar? Die allgemeine Verbreitung von Smartphones und Tablets sowie die rapide wachsende Anzahl an Nutzern sozialer Netzwerke in fast allen Teilen der Welt zeigt schon bald keine Trennung mehr. Egal ob superreicher US-Präsident, Bergarbeiter aus Wladiwostok, Pfarrerin aus Indien, Milchbäuerin aus Oberbayern, Terrorist aus Somalia, Hipster aus Lissabon, Schülerin aus Nigeria, Krankenschwester aus Guatemala, Flüchtling aus Syrien, LKW-Fahrerin aus Russland,

Tab. 2.1 Die wertvollsten Marken 2006 und 2016 im Vergleich. (Quelle: Millward Brown Optimor 2006, S. 6; Kantar Millward Brown 2017)

	2006	Markenwert (in Mrd. US-Dollar)	2016	Markenwert (in Mrd. US-Dollar)
1	Microsoft	62,039	Google	229,198
2	General Electric	55,834	Apple	228,460
3	Coca-Cola	41,406	Microsoft	121,824
4	China Mobile	39,168	AT&T	107,387
5	Marlboro	38,510	Facebook	102,551
6	Walmart	37,567	Visa	100,800
7	Google	37,445	Amazon	98,988
8	IBM	36,084	Verizon	93,220
9	Citibank	31,028	McDonald's	88,654
10	Toyota	30,201	IBM	86,206

Astronaut aus China, Angela Merkel und Sebastian Schmidt, egal welchen Alters, welcher Religion oder sexueller Orientierung … Wir wissen, wie es weitergeht: MMS, E-Mail, WhatsApp, Facebook, Instagram, Snapchat … Jeder tut es, jeder ist dabei – weil er/sie/es es kann. Nein, wir alle sind mittlerweile integraler Bestandteil dieser revolutionären Entwicklung. Unser Konsumverhalten – vor allem in Bezug auf Informationen – hat sich radikal, extrem schnell und nachhaltig verändert. Und: Wir haben es kaum bemerkt. Es gibt nur noch wenige, die sich diesem Sog, dieser Entwicklung/Revolution widersetzen (wollen oder können).

Was das für unser privates Sozialverhalten bedeutet, kann jeder an 24 Stunden am Tag, an sieben Tage pro Woche und an 365 Tagen im Jahr nachvollziehen. Es gibt keinen Bereich des Lebens ohne Smartphone, App oder „Connected Device". Egal ob Beruf, Gesundheit, Mobilität, Bildung, Freizeit oder, oder, oder. Ob diese Entwicklung gut oder schlecht ist? Diese Frage stellt sich nun eigentlich nicht mehr. Wir haben uns aber auch nie die Frage gestellt, ob wir diesen Weg gehen wollen. Viel zu schnell, viel zu vereinnahmend und allumfassend haben wir unsere Lebensräume mit der Digitalisierung überflutet. Und damit stellt sich auch folgende Frage nicht mehr:

> ▶ Sind wir bereit für die digitale Transformation? Völlig egal. Wir sind mittendrin.
> Welcome to the rip curl – hope you can swim!

Und was heißt das nun für den Unternehmer, den Inhaber einer Marke oder den Marketingverantwortlichen eines Unternehmens? Sind wir bereit für die digitale Transformation? Wie können wir uns darauf vorbereiten? Auch hier stellen sich solche Fragen eigentlich nicht mehr. Denn Marken und Unternehmen sind keine Schiffe, die den Hafen der Digitalisierung ansteuern wollen oder müssen. Den gibt es nämlich nicht. Es gibt vielmehr – und das war auch schon vorher so – das große Meer des Marketings. Und das ist, wie alle anderen Lebensbereiche, mittlerweile digital. Hier nehmen die Flauten wie die Stürme, d. h. die extremen Bedingungen und die Geschwindigkeit der Wechsel ebendieser, zu. Zudem wird es immer voller. Immer mehr kleine und große und vor allem schnelle Boote und Schiffe sind unterwegs und buhlen um die Gunst der Passagiere. Wie aber nun mitschwimmen oder im besten Fall sogar voraussegeln?

Der Erfolg von Marken und Unternehmen steht und fällt mit digitalen Erlebnissen. Begeisternd, relevant und persönlich müssen Erlebnisse sein – auf jedem Endgerät und bei jeder Interaktion.

Aus unserer Sicht bedeutet dies, man betreibt nicht nur eine Website oder Social Media/SEO. Wichtige Themen sind außerdem: Conversion/Sales, Funnel/

Purchase, Decisions/Customer, Journey/Expectations/Click-Through-Rate etc. Man muss diese Themen verstehen, richtig umsetzen und immer wieder evaluieren. Nichts ist so beständig wie der Wandel. Welche Werkzeuge sind für mich die relevanten und wie kann ich sie zu meinem Vorteil nutzen? Aus der extrem hohen Anzahl von Kanälen, Medien und Touchpoints resultieren wiederum Unmengen von Daten. Für Marken ist es heute daher umso wichtiger, die daraus resultierende Taktung an Informationen (Big Data) zu messen, auszuwerten und natürlich zielführend einzusetzen. Der Wettbewerb (siehe Google, Amazon) tut dies bereits und verschafft sich dadurch nicht nur einen Vorteil in Markanteilen, sondern setzt dadurch auch Standards sowie Erwartungshaltungen beim Endverbraucher. Was müssen wir tun, um ein digitales Ökosystem für Wachstum und Innovation zu etablieren?

Zunächst gehen wir aber noch mal ein paar Jahre zurück und bemühen den Unternehmer, Marketer und Blogger Seth Godin (vgl. Godin 2011). Sein Konzept basiert auf einer Tausende Jahre alten kulturellen Struktur, dem Zusammenschluss von Menschen mit gleichen Interessen und sozioökonomischen Hintergründen – sozusagen einer „Community" rund um die eigene Brand. Tribes. Oder auf Deutsch: Stämme. Früher haben wir zusammen das Mammut gejagt – heute haben wir weniger spektakuläre Interessen wie Sport, Autofahren, Bildung oder Zahnpflege. Seth Godin erklärt, dass das Web und die digitale Kommunikation klassisches Massenmarketing ersetzen. Ein Stamm ist ein Verbund von Individuen, welche Gemeinschaften bilden, um gemeinsame Bedürfnisse zu befriedigen und damit verbundene Probleme zu lösen. Stämme lassen sich unter Berücksichtigung der jeweiligen Werte und Ideen durch die Befriedigung der Bedürfnisse führen und manipulieren (vgl. Godin 2009).

Laut Godin versuchen viele Marketer oder Unternehmen, einen Tribe zu gründen, um ihn dann anzuführen. Dies ist für erfolgreiches Marketing meist der falsche Weg. Erfolgreich kann man nur dann agieren, wenn man dem Tribe/ der Gemeinschaft dient und deren echte Bedürfnisse befriedigt. Dabei kommt es zunächst nicht darauf an, wie groß die Gruppe ist. Schaffen wir es, kleinste Gruppen zu erreichen – zwei, fünf oder 100 Menschen (und wenn diese dann auch noch die Meinungsmacher innerhalb ihrer Gemeinschaft sind) – und schaffen wir es, deren Probleme zu 100 Prozent zu lösen, dann können wir auch mit mehr Menschen sprechen. Wenn wir es aber bei den kleinen Gruppen nicht hinbekommen, hat unsere Marke keine Chance. Hier beginnt dann das Community Management. Je größer die Gruppen werden, desto mehr differenzieren sich die Bedürfnisse aus. Hier müssen wir dann anfangen zu fokussieren, den Kern unseres Tribes und unserer Marke herauszuarbeiten und gegebenenfalls immer wieder anpassen. „Nike hat den Running-Tribe nicht erschaffen und Harley Davidson nicht den Outsider-Tribe", sagt Godin. „Wir müssen den passenden Tribe nur identifizieren mit dem

Satz: ‚People like us do things like that'" (Godin 2009). Sobald man das sagen könne, habe man seine Zielgruppe gefunden. Und das sei schließlich für viele Brands ein ganz entscheidender Schritt auf dem Weg zum Erfolg.

Was heißt das nun für den Inhaber eines Unternehmens, einer Marke?
Wir dürfen zunächst nicht über uns sprechen, wir müssen über die Bedürfnisse eines Tribes sprechen, über die Bedürfnisse der Häuptlinge. Für das digitale Marketing bedeutet dies vereinfacht gesagt: Wenn wir als Marke mit unseren Produkten und Dienstleistungen erfolgreich sein wollen, dann müssen wir

* den oder die Stämme identifizieren,
* Teil des Stamms werden,
* die Bedürfnisse des Stamms kennenlernen,
* Häuptlinge, Medizinmänner und Indianer identifizieren,
* Lösungen/Mittel zur Befriedigung der Bedürfnisse entwickeln und
* über die Häuptlinge und Medizinmänner mit den Indianern kommunizieren.

Aber was hat die Theorie von Godin mit dem digitalen Marketing zu tun? Das Großartige an der Digitalisierung ist die Möglichkeit, zunächst alle Informationen über meine Zielgruppe, meinen Tribe, zu sammeln und zu analysieren, weiterhin über ihn zu lernen, um dann ein Teil der Community zu werden. Wir können die Influencer, die Opinion Leader, die Häuptlinge der Community direkt erreichen und mit ihnen in einen internen Diskurs einsteigen. Vorausgesetzt, wir haben etwas, das ihre Bedürfnisse authentisch und nachhaltig befriedigt. Das heißt, mit den entsprechenden Werkzeugen lassen sich alle Aspekte der Markenführung planen, umsetzen/einführen, messen und auswerten. Zudem lassen sich „Streuverluste" minimieren. Wir können heute in Echtzeit und auf das jeweilige Individuum zugeschnitten kommunizieren und Marketing betreiben.

2.2 Wie bewegen wir uns im digitalen Marketing?

In der Vergangenheit gab es viel klarere Trennungen zwischen den einzelnen Bereichen eines Unternehmens und seiner Marke/seinen Marken. Mit der Digitalisierung verändern sich die Struktur und das Zusammenspiel von Produkt über Marketing und Vertrieb bis hin zum Kundenservice (Abb. 2.1). Jeder Bereich spielt in die Customer Journey mit hinein und wirkt und arbeitet mit den jeweils anderen Disziplinen zusammen. Das Markenerlebnis fängt nicht erst beim Kauf an. Start-ups und nativ digitale Marken tun sich da leichter, da sie schon von

Abb. 2.1 Traditionelle und digitale Marken im Vergleich. (Quelle: stilbezirk)

vornherein in dieser Welt unterwegs sind. Traditionell aufgestellte Unternehmen müssen oft einen schmerzhaften Prozess durchlaufen, um in einen digitalen Workflow zu kommen. Wenn man die Digitalisierung aber als übergeordneten und jeden Bereich betreffenden Prozess akzeptiert, liegen hier auch große Chancen für die Marke, die Mitarbeiter und auch die Gesellschaft. Viele Aufgaben verschieben sich und müssen mit neuem Spezialwissen gelöst werden oder sie werden durch neue Aspekte abgelöst. Konsequent und richtig umgesetzt, lassen sich langfristig Ressourcen einsparen und nachhaltig Erfolg erwirtschaften.

1. Klarer Fokus, ROI, KPI – Erfolgskriterien
Grundsätzlich gelten im Zeitalter der digitalen Veränderungen die gleichen unternehmerischen Kriterien wie auch zuvor: Ziele definieren und auf dem Weg dorthin immer wieder anhand von klar definierten Kennzahlen überprüfen. Wer es aber versteht, aus den Möglichkeiten und Werkzeugen, die Google, Facebook und Co bieten, seine Vorteile zu ziehen, der wird seine Marke mit Erfolg „digitalisieren". Es gilt, die individuellen Erfolgsfaktoren zu definieren, die Daten zu lesen und interpretieren zu lernen und immer wieder nachzujustieren. Es ist wichtig, Fehler bewusst zuzulassen und daraus zu lernen. Fehler machen und daraus lernen ist in dieser schnelllebigen Zeit eine der wichtigsten Unternehmertugenden (iteratives Marketing). Ideen sollten nicht nur in der Beta-Phase „verhungern", sondern immer in den Live-Betrieb gehen und dort auch skalierbar gemacht werden.

Gerade für den Mittelstand ist es wichtig, hier die entsprechenden Ressourcen (Online, Social Media) ins Unternehmen zu holen. Sei es durch einen internen CDO (Chief Digital Officer) und/oder externe Dienstleister, die die hohe Dynamik in dem Bereich kosteneffizient und flexibel abbilden können.

Ein Beispiel zum Thema KPIs: Für viele Unternehmer und Markenverantwortliche bildet sich der Erfolg in der Kommunikation in der Anzahl der „Likes" zu einem Beitrag ab. Mittlerweile ist diese Zahl kein wirklicher Indikator für den Erfolg einer

Social-Media-Kampagne mehr. Reichweite, Interaktion, Relevanz und andere Kennziffern sind die eigentlichen Messkriterien für den Erfolg. Um diese entsprechend zu definieren und zu interpretieren, braucht man anfänglich sicher Hilfe von Experten.

2. „Lead with Customer Experience"
Welche Herausforderungen hat der Kunde? Wie löst er seine Probleme? Wie können wir ihm dabei helfen, sie zu meistern? Welchen „Need" haben Kunden eigentlich, ohne sich darüber im Klaren zu sein, dass sie ihn haben? Welche Erfahrung (Customer Experience) ist vorhanden? Wie können wir diese verbessern? Wie können wir diese Ziele erreichen? Derjenige, der diese Fragen sicher, schnell und authentisch beantworten kann, wird in der Markenwelt den Ton angeben.

3. Offene Kultur entwickeln
Wer Erfolg haben will, muss digitale Strukturen schaffen, um im Unternehmen zu lernen. Außerdem müssen Unternehmen ein Portfolio digitaler Werkzeuge entwickeln, das eine effektive Zusammenarbeit ermöglicht. Eine Organisation kann die besten Leute und Technologien besitzen, aber ohne effektive Kollaboration kann sie die gesteckten Ziele nicht erreichen. In den meisten Fällen ist ein Kulturwandel nötig – und dieser muss von oben gelebt und geführt werden. Führungskräfte können die Belegschaft ermutigen und inspirieren, Innovationen und Risiken einzugehen – was digitale Transformation erfolgreich macht und überhaupt erst ermöglicht. Der Wandel muss zuerst in den Köpfen vollzogen werden. Nicht die Software und die Maschinen machen den Erfolg. Erfolgreiche Marken wie Facebook und Google haben komplexe Hierarchien im Unternehmen abgeschafft. Talente und Spezialisten modellieren sich ihr Berufsbild und ihren Arbeitsplatz bei Google selbst und bewerben sich nicht auf starre Ausschreibungen. Und selbst digitale Unternehmen wie der Online-Händler Zalando kehren – nach Jahren des schnellen Wachstums – wieder zu extrem flachen Hierarchien zurück.

4. Service Lines, Business-Modelle, Operation-Modelle modifizieren
Hier geht es um die Prüfung aller aktuellen Geschäftsprozesse und um die Anpassung der Modelle und Technologien, um langfristigen Erfolg im erweiterten digitalen Geschäft zu erzielen. Was kann das Unternehmen intern leisten, wo müssen neue Stellen geschaffen werden und wo hole ich externe Spezialisten ins Unternehmen? Für die meisten KMUs ist es sinnvoll, Schlüsselthemen zu managen, aber die operativen Aspekte auszulagern. Im Bereich Marketing muss es Führungskräfte für die wichtigsten Bereiche geben. So sollten z. B. Trade/B2B, Online und Social Media intern gesteuert werden. So können mit den „On-board-Werkzeugen" von Google und Facebook aufschlussreiche Analysen erstellt werden, die im Bereich von Kommunikation und Vertrieb wertvolle Strategiebegleiter sind. Hier sollte es

eine gewisse Inhouse-Kompetenz geben, die eine Basisinterpretation der Daten ermöglicht. Innovative Impulse und operative Umsetzungen sollten in den meisten Fällen an Agenturen mit Spezialwissen vergeben werden. So werden die internen Kosten niedrig gehalten, man kann schnell auf neue Anforderungen reagieren und immer wieder nachjustieren.

Die Wahl der Werkzeuge: Grundsätzlich sollte man mit aktuell vorhandenen digitalen Lösungen anfangen. Wie bereits erwähnt, liefern hier die großen Spieler viele Optionen, die von den meisten Anwendern nur selten komplett bedient werden können. Hier ist es nur wichtig, einen Überblick zu bekommen und die richtige Wahl zu treffen. Social Media und Online Traffic Monitoring Tools, Projektmanagement-Software und Contribution Tools – für jedes Problem gibt es eine Lösung. Hier helfen dann am Anfang externe Berater, einen Überblick zu gewinnen und das Start-Setup zu definieren. Darauf aufbauend sorgen digitale und individualisierte Innovationen für zusätzliche Erfolge und Wachstum. Hier gilt es, Barrieren zu durchbrechen und sich auch immer wieder neu zu erfinden.

5. Datensicherheit

Es muss dafür gesorgt werden, den durch diese Maßnahmen erzielten Wettbewerbsvorteil (Data Security) zu schützen.

6. Big Data, Analytics – alles ist messbar und wird transparent

Marketing und Kommunikation waren noch nie so transparent und messbar wie heute. Die Konsumenten liefern innerhalb der „totalen Vernetzung" alle Daten, die eine Marke benötigt, um zielgruppengerecht zu agieren, und noch viel mehr. Streuverluste in der Ansprache der Zielgruppen gibt es eigentlich nicht mehr. Wenn wir Manfred Müller aus der Hafenstraße 117 in Hamburg suchen und wissen wollen, welche Bedürfnisse er hat, dann liegen uns die Daten vor. Begriffe wie Micro Targeting und Micro Influencing zeigen die Zielgenauigkeit der verschiedenen Möglichkeiten auf. Wir können Manfred jederzeit folgen. Wir wissen, wann er aufsteht, wie und was er frühstückt, ob und wo er arbeitet, welche politische Meinung er vertritt, welche Freizeitaktivität er ausübt, welche Freunde er hat, ob er krank oder gesund ist. Sein Tagesablauf ist durch die Befriedigung von Bedürfnissen gegliedert und auf diese können wir als Marken mit Produkten und Dienstleistungen reagieren. Es gilt, die sogenannten „Micro Moments" zu erkennen und abzupassen. Kaufentscheidungen werden oft im Bruchteil einer Sekunde getroffen. Überzeugende Auslöser können hier gezielt eingesetzt werden.

So plane ich gerade meinen nächsten Skiurlaub und surfe auf Websites von Skigebieten herum. Irgendwann buche ich die Reise. Ab jetzt bin ich auch potenziell empfänglich für Werbung und Informationen, z. B. über neue Ski, Skibrillen und anderes Zubehör. Eventuell stelle ich in einem Forum oder in einer Facebook-Konversation eine Frage zum Thema Skihelm. Diesen Moment muss eine Marke erkennen und abpassen. Wenn sie hier die entsprechende Antwort liefern kann, ist die Wahrscheinlichkeit für eine Kaufentscheidung sehr hoch. Die Daten, die diese Momente erkennen lassen, liegen bei Google und Facebook vor. Die Marke muss nur noch ihre kommunikativen Maßnahmen entsprechend einstellen – und dies natürlich automatisiert. Egal ob Daten über den Tagesablauf, die Vorlieben und Interessen, Kaufverhalten, Bewegungsprofile, Gesundheit und Fitness, alles wird über Smartphones, Wearables, WLAN-Hotspots usw. bereitwillig in der „Community" geteilt, von den sozialen Netzwerken, Google und Co. gesammelt und mit selbstlernenden Algorithmen verarbeitet.

Aus den Informationen lassen sich einerseits die Bedürfnisse der Individuen herauslesen, aber auch automatisiert Muster berechnen. Allein die „On-board-Werkzeuge" von Google und Facebook bieten so viele Informationen, dass man keinerlei kostspielige herkömmliche Marktforschung mehr benötigt. Im Gegenteil: Umfang, Qualität und vor allem Geschwindigkeit der Datenanalyse sind nicht mehr vergleichbar mit Panels und Umfragen. Dies geht so weit, dass wir schon heute von Echtzeitanalyse und Live-Marketing sprechen und dieses auch nutzen. Der Nutzer will **jetzt** konsumieren, E-Commerce kann ihn **jetzt** beliefern, das Marketing kann **jetzt** und live das Datenumfeld der Customer Journey überwachen und an jedem Kontaktpunkt ad hoc reagieren. Analyse und Steuerung der Aktivitäten finden mittlerweile alle in einem System statt.

Das heißt, wenn ich früher meine Marketingaktivitäten nach dem Start einer Kampagne über Marktforschungsinstitute habe überprüfen lassen, war das meist schon zu spät. Wenn meine Umsatzzahlen nicht stimmten, hatte ich selbst auch schon gemerkt, dass etwas nicht stimmt. Heute kann ich meine Kampagnen mit Google und Co. gleichzeitig durchführen, messen und justieren, steuern, gegensteuern. Und immer in Echtzeit. Der Begriff des iterativen Marketings zieht in diesem Zusammenhang immer mehr in die Strategien der Werbetreiber ein. „Versuchen, Fehler machen, wieder versuchen, korrigieren, … Erfolg haben/messen, anpassen usw." ist wichtiger Bestandteil des agilen, digitalen Marketings.

Neben den Daten über die Zielgruppen und deren Mitglieder können wir nun auch viel gezielter – und natürlich auch in Echtzeit – Daten über unsere Marke sammeln. Medienübergreifend lassen sich Daten generieren, die die Stimmung gegenüber einer Marke am Markt überwachen und auswerten. So bieten verschiedene Dienstleister Monitoring-Software an, die kontinuierlich den Stellenwert der Marken in allen Kanälen (TV, Print, Online, Social Media) überwacht.

Früher war Marktforschung das punktuelle und möglichst dichte Sammeln von Daten. Heute liegen uns alle Daten vor. Das gesamte Wissen ist theoretisch für jeden verfügbar. Die Leistung der Marktforschung liegt heute in der Auswertung der Daten. Und das kann von keinem Menschen mehr geleistet werden. Analysen werden heute von Maschinen übernommen. Wir sprechen daher auch von der Marketing Automation und dem Machine Learning. Computer und Software können mittlerweile selbstständig Daten sammeln und Zusammenhänge ermitteln, auf die wir als Menschen alleine nie kommen würden. Wir können Daten „live" erheben und auswerten lassen – und gleichzeitig lernen die Maschinen aus diesen Prozessen.

Große Vorteile sind die Geschwindigkeit und Qualität in allen Bereichen. Auf der einen Seite können wir exakte Muster erarbeiten und auf der anderen Seite das Individuum schnell und genau in seinen Bedürfnissen befriedigen. Datengetriebene Handlungen innerhalb des Marketings sind laut einer PwC-Studie dreimal so erfolgreich wie herkömmliche Aktivitäten (vgl. PwC 2016).

Aber was heißt das für die Inhaber und Marketingverantwortlichen von Unternehmen? Wie kann ich mich an diesem Spiel beteiligen? Wie schaffe ich die digitale Transformation? Zunächst bleibt erst mal alles beim Alten. Allerdings kommen jetzt an allen Punkten die Analyse-, Lern- und Adaptionsmöglichkeiten hinzu.

Zielgruppen und bedürfnisorientierte Produkte und/oder Services
Welche Bedürfnisse gibt es und habe ich ein passendes Produkt?

Identifizierung von Meinungsmachern und deren Bedürfnissen in der Zielgruppe
Wer sind meine Opinion Leader, welche Sprache sprechen sie und wo finde ich sie?

Fokussiertes Markenleitbild
Passen Markendesign, Image und Sprache zur Zielgruppe und zu deren Bedürfnissen?

Marktorientierte Produkt- und Designsprache
Wie kann ich mich vom Wettbewerb differenzieren? Bei gleicher Funktionalität geht das meist nur über das Design.

Kundenorientierte Sortimentsstrukturierung
Keep it lean! Ein zu großes oder unübersichtliches Angebot blockiert und stört den Entscheidungsprozess, verhindert Bindung und Vertrauen in die Marke.

Innovationsprozess (inkl. Produkt-/Designmanagementprozess)
Gute Innovationen bringen echte Mehrwerte. Unstrukturierte Innovationen um ihrer selbst willen bringen keinen Erfolg.

Vertriebs- und preisstrategische Ausrichtung

POS/Fachhandel vs. E-Commerce: Je nach Produkt und Zielgruppen heißt es hier nicht automatisch „Entweder … oder … ", sondern „Wo liegen meine Schwerpunkte?" oder „Lassen sich beide Bereiche optimal kombinieren?".

Markenkommunikation

Klassisch vs. online. Der Trend ist ganz klar: Haben vor ein paar Jahren die Online-Kanäle die klassisch gespielten Kampagnen eher flankiert, so ist das mittlerweile meist umgekehrt. Kommunikation wird online fokussiert und gespielt. TV und Print sind nicht obsolet, jedoch sind sie nicht zwanghaft nötig, um erfolgreich Marketing zu betreiben. Viel wichtiger ist – wie erwähnt – die ständige Analyse und Interpretation der gewonnenen Daten und die entsprechende Steuerung der Maßnahmen. Markenverantwortliche sollten sich stets fragen:

- Ist unsere Mediaplanung ausgelegt auf Real Time Marketing?
- Sind unsere Marketing Assets darauf ausgelegt, die unmittelbaren wie auch die längerfristigen Bedürfnisse unserer Kunden anzusprechen?
- Planen wir für die schwindenden Grenzen zwischen TV und Online-Video (YouTube)?
- Sind wir auf die richtigen Metriken fokussiert für eine Mobile-first-Welt? Über 50 Prozent des Traffics kommt heute immerhin von Smartphones oder Tablets. (Vgl. Sterling 2015)

Soziale Netzwerke gewinnen weiter an Größe und Bedeutung, Facebook steuert konstant steigend darauf zu, pro Monat zwei Milliarden aktive Nutzer zu zählen, seine Tochter Instagram eine Milliarde und auch der Rest wächst stetig. Mehr denn je erwarten die Nutzer einen zeitgemäßen Auftritt – und vor allem anderen: schnelle Reaktionszeiten und dabei keine werblichen Inhalte. Im „Post-Content-is-King-Zeitalter" gewinnt der, der relevanten Mehrwert bietet und seine Message darin clever einbettet.

Und hier auch mal wieder ein Blick auf die aktuelle Praxis: 50 Prozent aller Posts auf Facebook haben zwei oder weniger Interaktionen. Das heißt: Niemand interessiert sich dafür. 75 Prozent aller Posts auf Facebook haben niemals auch nur eine Verlinkung erzielt. Aber was bedeutet das jetzt für unsere Arbeit in diesem Netzwerk? „Done is better than perfect. Perfect is better than done. No rapid-fire postings. Don't Brainstorm – Analyse what works" Philipp Klöckner (Trade Machines).

Also nichts Neues, einfach nur schneller.

2.3   Agilität

> *It's no longer the big beating the small, but the fast*
> *beating the slow.*
> E. Pearson (CIO, Int. Hotel Group)

Agilität ist zunächst recht unspektakulär. Aber: Schnell ist das neue Groß.

Wie schon in Abschn. 2.1 beschrieben, befinden wir uns nicht mehr am Anfang der digitalen Revolution, sondern bewegen uns schon geraume Zeit darin. Erfolg und Misserfolg im Bereich der Markenarbeit wurden in diesen Zeiten mit neuen Faktoren belegt und viele große Marken der 1990er und 2000er Jahre haben es nicht in die nächste Dekade geschafft. Quelle, Grundig, AEG, aber auch viele scheinbar stabile Lifestyle-Marken kommen ins Straucheln. Wie zum Beispiel Billabong, Gap und Quicksilver. Wettbewerb findet nicht mehr nur über Preis oder Differenzierung statt, sondern über Agilität.

Was bringt ehemalige Platzhirsche und Cash Cows in Bedrängnis? Neben vielen anderen Faktoren spielen heute die Geschwindigkeit und Reaktionsfähigkeit eine sehr große Rolle. Ein eindrucksvolles Beispiel aus der Automobilbrache ist Tesla. Scheinbar aus dem Nichts taucht hier einer auf und mischt mit seinem Konzept eine sonst von Riesen dominierte Industrie auf. Innerhalb kürzester Zeit hat sich das Unternehmen dann selbst zu einem Großen der Branche gemacht. Tesla hat sich nicht zum Ziel gesetzt Autos zu bauen, sondern – ganz bescheiden – die Welt zu verändern.

Kleine Marken kommen auf den Markt und kennen die Bedürfnisse der Zielgruppen, da sie oft aus diesen heraus entstehen. Die Großen müssen diese Bedürfnisse oft erst erkennen und sich dann mit all ihren Bestandteilen des Markenmix darauf einstellen. Dabei geht oft zu viel Zeit und falsch eingesetzte Energie verloren. Warum? In den meisten Fällen liegt es nicht am Einsatz von Technologien oder irgendwelchen Werkzeugen. Uns liegen schon heute alle nötigen und unnötigen Programme, Apps und Systeme vor – wir müssen sie nur einsetzen. In den meisten Fällen besteht das Problem darin, dass die Kultur und Akzeptanz derselben fehlen und dass die Veränderung der Kultur nicht authentisch gelebt wird. Und wiederum in den meisten Fällen entstehen diese Probleme in der obersten Führungsebene.

> *It is not the strongest of the species that survives, nor the*
> *most intelligent that survives. It is the one that is the most*
> *adaptable to change.*
> Charles Darwin

Folglich: Dieses Buch ist schon alt, während diese Zeilen geschrieben werden.

> *Social media is the current State of the internet… and it is mobile – Get fucking practical! Go get the App and install Snapchat.*
>
> Gary Vaynerchuk

Gary Veynerchuk stellt mit diesem Statement auf der Online Marketing Rockstars Konferenz klar, wohin die Reise geht bzw. wie sich auch das Internet schon jetzt verändert hat. Die Nutzer surfen immer weniger auf Websites, sondern nutzen schon jetzt mehrheitlich die sozialen Netzwerke. Das heißt: Marken, die nicht auf Facebook und Co. (zielgruppengerecht) agieren, gehen unter. Online-Standards haben immer geringere Halbwertszeiten und um dieser Entwicklung gerecht zu werden, muss man schnell sein. Machen, Fehler machen, korrigieren und weitermachen!

▶   Go get digital.

Ihr Transfer in die Praxis

- Haben Sie Ihren Tribe schon gefunden? Welche Bedürfnisse hat er?
- Wie gut ist Ihr digitales Marketing aufgestellt? Halten Sie sich an die vorgestellten Erfolgsprinzipien?
- Welche Kundendaten nutzen Sie? Können Sie die wichtigen „Micro Moments" Ihrer (potenziellen) Kunden erkennen?

Literatur

Beutelsbacher, S., N. Sommerfeldt, und H. Zschäpitz. 2016. Die gefährliche Dominanz der großen Vier.10. Januar. https://www.welt.de/finanzen/article150809163/Die-gefaehrliche-Dominanz-der-grossenVier.html. zugegriffen: 08. März.2017.

Godin, S. 2011. *Tribes: We need you to lead us*. London: Hachette Digital.

Godin, S. 2009. TED Talk: Seth Godin über die Stämme, die wir anführen, http://bit.ly/2l6kC8n. zugegriffen: 08. März. 2017.

Kantar Millward Brown. 2017. http://wppbaz.com/charting/19. zugegriffen: 08. März. 2017.

Millward Brown Optimor. 2006. BRANDZ™: Top 100 Most Powerful Brands, https://www.millwardbrown.com/docs/default-source/global-brandz-downloads/global/2006_BrandZ_Top100_Report.pdf. zugegriffen: 08. März. 2017.

PwC Hrsg. 2016. PwC's global data and analytics survey2016. Big Decisions™ 2.0. German and international findings, https://www.pwc.de/de/business-analytics/assets/big-decisions-survey-2016.pdf. zugegriffen: 24. Feb. 2017.

Sterling, G. 2015. It's official: Google says more searches now on mobile than on desktop. 05. Mai. http://searchengineland.com/its-official-google-says-more-searches-now-on-mobile-than-on-desktop-220369. zugegriffen: 17. März. 2017.

Weiterführende Literatur

Brand Monitor, httsps://www.comscore.com/Products/Advertising-Analytics/Brand-Moni tor. zugegriffen: 24. Feb. 2017.

Markencheck 3

In diesem Kapitel sind Sie an der Reihe: Im Markencheck überprüfen Sie, inwieweit Sie die Befähigerkriterien für die innere und äußere Marke erfüllen. Als Ergebnis erhalten Sie Ihre Markenauswertung als Drei-Kräfte-Modell und als Faktorenauswertung. Dieses Konzept basiert auf der Alchimedus-Methode und der Success DNA von Sascha Kugler.

Was Sie aus diesem Kapitel mitnehmen

- Eine Übersicht, wie stark Ihre innere und äußere Marke ist
- Erkenntnisse darüber, wo Sie noch Nachholbedarf haben
- Tipps, wie Sie die Schwächen Ihrer Marke ausgleichen können

Im Markencheck überprüfen Sie, inwieweit Sie die Befähigerkriterien für die innere und äußere Marke erfüllen. Als Ergebnis erhalten Sie Ihre Markenauswertung als Drei-Kräfte-Modell und als Faktorenauswertung. Doch zunächst beantworten Sie bitte die folgenden Fragen auf einer Skala von 1 – 10. 1 steht für „nein/gar nicht", 10 steht für „ja/sehr stark" und notieren Sie die Punktzahl daneben. Alternativ können Sie auch den Markencheck auf der Webseite www.alchimedus.de/markencheck durchführen.

3.1 Der Test

1. Zielt die Markenstrategie des Unternehmens auf eine klare Wettbewerbsunterscheidung ab und spürt bzw. sieht man das auch? Der Wettbewerb wird

© Springer Fachmedien Wiesbaden GmbH 2018
S. Kugler, H. von Janda-Eble, *Markenmanagement mit System*,
https://doi.org/10.1007/978-3-658-16225-2_3

weltweit immer intensiver. Durch verbesserte Informationssysteme schwinden Zeitvorsprünge in der Entwicklung und Markteinführung in Lichtgeschwindigkeit. Jeder ist über jeden und alles auf dem Laufenden. Nachahmer stehen oft besser da, weil die „Nachahmerentwicklungszeiten" deutlich kürzer und geringer sind. Hier setzt das Befähigerkriterium der klaren Differenzierung an.

Apple zeigt schon seit Jahrzehnten, dass Computer nicht gleich Computer sind, sondern mehr sein können und dabei immer identitäts-, trend- und sogar kulturstiftend wirken. Ein einzigartiges Unternehmen und Geschäftsmodell sind Voraussetzungen dafür, sich aus der Masse hervorzuheben. Aber wir meinen damit nicht, einfach einzigartig zu sein, sondern dies auch jeden Tag neu zu vermitteln. Die Einzigartigkeit wird in konkrete Missionen wie z. B. verstärkte Kundenorientierung und in einen Slogan übersetzt. Vision, Zweck und Botschaft sind in einem unverwechselbaren einzigartigen Leitwort manifestiert. Wie sieht es bei Ihnen aus?

Ihre Punktzahl auf einer Skala von 1 (nein/gar nicht) bis 10 (ja/sehr stark):

‾‾‾‾‾‾

2. Sind die konkreten Markenziele eindeutig definiert und werden sie auf verständliche Weise kommuniziert? Marken- und Unternehmensziele dienen dazu, die Richtung für ein Unternehmen vorzugeben. Die Strategie ist die Beschreibung des Wegs zur Erreichung der Ziele, also quasi die Landkarte. Damit können Mitarbeiter entscheidend positiv beeinflusst werden. Sie bekommen die für erfolgreiche Arbeit so wichtige Sicherheit. Deswegen müssen alle Mitarbeiter die Marken- und Unternehmensziele kennen.

Jeder Mitarbeiter ist eine „Visitenkarte" des Unternehmens und damit der entscheidende Unterschied zur Konkurrenz. Deswegen ist es so wichtig, die Mitarbeiter nicht nur zu informieren, sondern ihnen auch zu sagen, welcher Beitrag zum Unternehmenserfolg von ihnen oder ihrer Abteilung erwartet wird. Die laufende Kontrolle der Zielerreichung bringt die Mitarbeiter dazu, im Sinne des Unternehmenserfolgs zu denken und zu handeln. Wie sieht es bei Ihnen aus?

Ihre Punktzahl auf einer Skala von 1 (nein/gar nicht) bis 10 (ja/sehr stark):

‾‾‾‾‾‾

3. Wendet das Unternehmen systematisch und in geeigneter Weise unterschiedliche Methoden an, um die Marke und ihre Botschaft für jeden transparent und erlebbar zu machen? Mitarbeiter, Lieferanten, Banker, Medienpartner und vor allem Kunden denken nicht alle gleich und fassen nicht alles gleichermaßen auf. Der eine spürt mehr, der andere nimmt in Bildern wahr und der Dritte benötigt Fakten und Beweise. Hirnforschungsmodelle erklären uns, warum jeder Mensch anders denkt und wahrnimmt und demnach auch Angebote auf seine Art bewertet. Es hat nichts mit Selbstverleugnung oder Verbiegen zu tun, wenn versucht wird, die Botschaft und den Unternehmenszweck passend und stimmig für unterschiedliche Kundengruppen aufzubereiten.

Mitarbeiter im Unternehmen sollten auf systematische Art und Weise ein Gefühl für die Unterschiedlichkeit von Menschen vermittelt bekommen und nutzen. Je besser Sie diese Disziplin beherrschen, umso erfolgreicher werden Sie Ihre Botschaften und Angebote vermitteln können und desto besser werden Sie gehört werden. Hier kommen Persönlichkeitsmodelle, verschiedene Formen der Präsentation (Audio, Video, Haptik etc.) zum Einsatz. Wie sieht es bei Ihnen aus?

Ihre Punktzahl auf einer Skala von 1 (nein/gar nicht) bis 10 (ja/sehr stark):

_____

4. Bietet das Unternehmen tolle Problemlösungen für die Kunden und wird dies auch in den neuen Medien vom Kunden wahrgenommen? Problemlösungen für Kunden stehen im Vordergrund aller Bemühungen, wenn Sie sich von Konkurrenten abheben wollen. Dazu gehört meist ein höherer Aufwand als für Standardprodukte, der jedoch im Preis seinen angemessenen Niederschlag finden muss. Die Qualität eines Produkts umfasst nicht nur das Produkt selbst, sondern alle im Umfeld dazu wichtigen und notwendigen (Dienst-)Leistungen. Der größte Erfolg einer Marke besteht darin, dass es ihr gelingt, ihr zentrales Differenzierungsmerkmal zu einem „Must-have" zu machen, das eine neue Produktunterkategorie (oder manchmal auch eine neue Produktkategorie) definiert und Wettbewerber bedeutungslos macht. Qualität ist also die 100-prozentige Erfüllung der Kundenerwartungen. Die Nase vorne haben immer Unternehmen, die die Kundenerwartungen noch übertreffen, weil sie sich intensiv mit ihren Kunden auseinandersetzen und etwas mehr anbieten. Wie steht es um Ihre Problemlösungen/Angebote? Sind sie toll und werden sie vom Kunden auch so wahrgenommen?

Ihre Punktzahl auf einer Skala von 1 (nein/gar nicht) bis 10 (ja/sehr stark):

_____

5. Hat das Unternehmen ein überzeugendes Marketingkonzept, das systematisch umgesetzt wird? Marketing ist die ganzheitliche Ausrichtung einer Organisation auf den Markt. Dieser Ansatz ist sehr komplex, fließen doch zahlreiche Faktoren in die Beziehung des Unternehmens mit den Kunden mit ein, wie zum Beispiel Wettbewerber, Strategie, Politik/Gesetzgebung, Verkaufsförderung, Bekanntheitsgrad, Finanzierung, Marke, Bedürfnisse, Nachfrage, Kaufkraft, Prestige/Ansehen …

Entwickeln Sie Ihre Außenwahrnehmung systematisch? Wohin soll die Reise gehen? Was wollen Sie erreichen? Wie wollen Sie sich langfristig verbessern?

Wie wollen Sie das realisieren? Die richtige (Zukunfts-)Strategie ist ein wesentlicher Faktor für den Erfolg aller Unternehmen und Organisationen. Erst wenn die Strategie stimmt, können die anderen Unternehmensprozesse sinnvoll daran ausgerichtet werden. Eine regelmäßige Strategieüberprüfung ist für die kontinuierliche Verbesserung und das langfristige Überleben elementar. Jede Leistung kann und muss ständig verbessert werden. Stillstand ist tatsächlich Rückschritt. Leitlinien der Strategie müssen erstellt werden, verfügbar und verstanden sein. Wie geht Ihr Unternehmen mit Veränderungen um? Sie wollen in erster Linie der beste Problemlöser Ihrer Kunden sein. Dann müssen Sie Ihr Angebot ständig auf die veränderten Bedingungen einstellen. Wie wollen Sie das in den nächsten Jahren sicherstellen? Wie sieht der Fahrplan zum Zukunfterfolg aus? Sind die Eckpfeiler schriftlich fixiert und die wesentlichen Punkte im Unternehmen kommuniziert? Wie sieht es bei Ihnen aus?

Ihre Punktzahl auf einer Skala von 1 (nein/gar nicht) bis 10 (ja/sehr stark):
_____

6. Überrascht das Unternehmen die Kunden immer wieder mit sehr attraktiven digitalen Marketingaktionen? Die Beziehung zum Kunden wandelt sich in der modernen Welt. Es werden immer schneller immer neue Kommunikationswege erfunden und genutzt. Daher muss die Entwicklung kreativer Marketingaktionen zum festen Bestandteil des unternehmerischen Alltags werden. Innovation ist nichts anderes als angewandte Kreativität. Sie ist demnach das Basismaterial; je mehr davon, desto mehr Chancen auf Neuartiges. Das gilt aber nur unter der Bedingung, dass richtig ausgesucht und dann erfolgreich umgesetzt wird. Gerade in den sozialen Medien sind Innovation, Witz und Kreativität gefragt. Als Marke immer jung und attraktiv zu bleiben, ist das Ziel. Gelingt Ihnen dies auch regelmäßig mit Ihren digitalen Marketingaktionen?

Ihre Punktzahl auf einer Skala von 1 (nein/gar nicht) bis 10 (ja/sehr stark):
_____

7. Hat das Unternehmen ein sehr gutes Image (als Produkt/Marke)? „Als Markenimage wird die aktuelle Wahrnehmung bezeichnet, die Verbraucher von einer Marke haben" (Onpulson-Wirtschaftslexikon 2017). Die Qualität leitet sich vom lateinischen Wort „qualitas" = Beschaffenheit ab. Die Beschaffenheit muss den Anforderungen entsprechen und diese möglichst noch überbieten. Echte Markenqualität, verbunden mit einem positiven Image, ist also die 100-prozentige Erfüllung der Kundenerwartungen. Welchen Nutzen bieten Sie Ihren Kunden mit Ihren Produkten und Dienstleistungen? Ist der Nutzen allen im Verkauf tätigen Mitarbeitern bewusst und stets präsent? Wie beurteilen Sie und Ihre Kunden das

Preis-Leistungs-Verhältnis? Haben Sie eine niedrige Reklamationsquote, seltene Gewährleistungen oder Garantieleistungen? Werden Reklamationen, Gewährleistungen oder Garantieleistungen ernsthaft auf ihre Ursachen hin verfolgt und diese umgehend und dauerhaft abgestellt? Ein Markenimage ist volatil und kann positiv und negativ beeinflusst werden bzw. sich schlagartig ändern. Wie sieht es bei Ihnen aus?

Ihre Punktzahl auf einer Skala von 1 (nein/gar nicht) bis 10 (ja/sehr stark):

——————

8. Nutzt das Unternehmen Social Media (Facebook, Xing, Twitter etc.) aktiv? Jeder Schritt, den Sie als Unternehmen tun, ist Teil des Markenmanagements. Sie werden beständig überwacht und beurteilt. Seitdem es die neuen Medien gibt, hat sich dieser Prozess drastisch verstärkt. Er ist fast zu einem dominierenden Element der Markenpolitik geworden. Alles, was wir als Marke tun, muss sich diesem (un-)bestechlichen Gradmesser stellen. Es ist daher von elementarer Bedeutung, die sozialen Medien zu bedienen, zu nutzen, zu managen, sich selbst als Fahrzeuglenker zu sehen und nicht als Gast oder Getriebener. Proaktives Management der sozialen Medien ist gefragt. Sie können die Social Media für Verkaufs- und Werbeaktionen, als digitale Verstärker Ihres Markenaufbaus oder einfach zur Kundenbeziehungspflege nutzen. Nutzen sollten Sie sie aber in jedem Fall. Wie sieht es bei Ihnen aus?

Ihre Punktzahl auf einer Skala von 1 (nein/gar nicht) bis 10 (ja/sehr stark):

——————

9. Begeistert die Unternehmensphilosophie die Mitarbeiter, Kunden und Partner? Die Unternehmens- oder Organisationsphilosophie und -kultur prägen die Einstellung und damit das Verhalten der Mitarbeiter untereinander, gegenüber Kunden und Partnern. Zwischen den Werten eines Unternehmens und seinem Erfolg besteht also ein enger, wenn nicht gar direkter Zusammenhang. Ist keine begeisternde Unternehmensphilosophie vorhanden oder wird sie nicht verstanden, authentisch gelebt und umgesetzt, können Begeisterung und Engagement langfristig nicht entstehen.

Für langfristigen unternehmerischen Erfolg ist demnach auch die Identifizierung des Mitarbeiters mit dem Unternehmen wichtig. Fühlt er sich zur Unternehmensfamilie zugehörig? Die positive Einstellung dazu führt zu einer hohen Bereitschaft, diese Gemeinschaft zu verteidigen und sich für sie in guten wie in schlechten Zeiten zu engagieren. Die meisten Menschen wollen gerne einer sinngebenden Wertegemeinschaft angehören und ziehen daraus viel Motivation. Wie sieht es bei Ihnen aus?

Ihre Punktzahl auf einer Skala von 1 (nein/gar nicht) bis 10 (ja/sehr stark):

_____

10. Nutzt das Unternehmen außergewöhnlich erfolgreiche Kundenge-winnungsstrategien auf Basis eines modernen Data-Managements? „Ich bekomme alle Kunden, bin 100 Prozent abschlusssicher", so rühmen sich oftmals Unternehmer, aber leider trifft dies nur auf die bekannten Kunden zu, also die Ausschnittkunden, die man kennt und die sich ohnehin angezogen fühlen. Was ist mit denen, die nicht zu Ihnen kommen? Haben Sie sich in der letzten Zeit über die Beweggründe der Kunden Gedanken gemacht? Sie ändern sich – und oft sogar schnell. Haben Sie eine klare Kundengewinnungsstrategie (KGS) schriftlich fixiert, die sich an der Vision und den Zielen des Unternehmens ausrichtet? (Neu-)Kun-dengewinnung darf nicht nur ein spontanes Thema bei Auftragsnotstand sein und wieder beerdigt werden, wenn genügend Anfragen und Aufträge vorhanden sind, sondern sie ist mittelfristig und langfristig anzulegen und muss systematisch sein. Planung, Zielvorgabe und (Nach-)Kontrolle fließen in die KGS ein. Die Kunden-gewinnungsstrategie sollte allen Mitarbeitern, nicht nur den im Verkauf Tätigen, bekannt sein. Bei Höchstleistern sind alle Mitarbeiter und das Netzwerk aus Liefe-ranten, Netzwerkpartnern und Familie in die Kundengewinnung eingebunden. Die Kundengewinnung wird durch starke Marketingmaßnahmen unterstützt. Wie sieht es bei Ihnen aus?

Ihre Punktzahl auf einer Skala von 1 (nein/gar nicht) bis 10 (ja/sehr stark):

_____

11. Werden die Stärken und Schwächen der eigenen Marke regelmäßig über-prüft und daraus Verbesserungsmaßnahmen abgeleitet? Eine Wettbewerbs-analyse ist eine zu Marketingzwecken bzw. mit dem Ziel der Konkurrenzaufklärung durchgeführte Analyse von Branche, Kunden und/oder Wettbewerbern. Sorgfältig im Rahmen einer Strategie durchgeführt, kann sie tiefgreifende Erkenntnisse über das Potenzial der wichtigsten Konkurrenten und Angebote erbringen.

Unternehmen sind oftmals der Meinung, dass sie ihre Wettbewerber bereits bestens kennen und einschätzen können. Dabei basieren diese Annahmen jedoch häufig auf subjektiven Eindrücken, Annahmen und oberflächlichen Informationen; sie entsprechen somit selten dem tatsächlichen Bild. Dies kann dazu führen, dass die Konkurrenten bereits klammheimlich am eigenen Unternehmen vorbeiziehen, ohne bemerkt zu werden. Leider kann ein Unternehmen, das seine Wettbewerber und die eigene Position nicht kennt, schnell das Potenzial übersehen, welches der Markt und die Kunden dem eigenen Unternehmen bieten.

Eine der umfangreichsten und besten Möglichkeiten, die Wettbewerber und die Branche zu bewerten, ist eine Wettbewerbsanalyse, die in regelmäßigen Abständen durchgeführt wird und umfangreiche Informationen und Grundlagen für die eigene strategische Planung liefert. Hauptziel einer Wettbewerbsanalyse ist es, die Stärken und Schwächen der Wettbewerber zu recherchieren und einzuschätzen und daraus Erkenntnisse über deren Strategie, Marktdurchdringung, Kundenbindung etc. zu gewinnen. Wie sieht es bei Ihnen aus?

Ihre Punktzahl auf einer Skala von 1 (nein/gar nicht) bis 10 (ja/sehr stark):

——

12. Fördert das Markenmanagement die Qualität vom ersten Kundenkontakt bis zum erfolgreichen Kauf im Sinne eines echten Dialogmarketings? Es gibt viele Prozesse im Unternehmen: Führungsprozesse, Produktionsprozesse und Unterstützungsprozesse. Keiner ist jedoch so wichtig wie der Kundengewinnungsprozess. Man wägt sich zu oft in der Sicherheit, dass die Kunden schon kommen. Ein Unternehmen wird aber auf Dauer nicht erfolgreich, wenn es diesen Prozess nicht im Griff hat. Egal, ob die erste Wahrnehmung für Ihr Unternehmen schlecht oder gut ausfällt, in jedem Fall landen alle unverzüglich in einer Schublade. Der erste Eindruck ist also prägend und kann später nur schwer revidiert werden. Kundenkontakte über Vertrieb, Zufall, Messen, Website oder andere Wege erfolgen laufend. Wichtig ist es dann, kontinuierlich und systematisch nachzufassen und nachzuarbeiten. Stringente Prozesse helfen dabei, diese Zeit zu verkürzen und die Kontakte in Aufträge zu verwandeln. Oft werden z. B. immer neue Kundenanfragen über den Vertrieb hereingebracht, die unter hohem Aufwand bearbeitet werden. Nach der Angebotserstellung fasst aber niemand nach und viele Kunden kaufen dann doch an anderer Stelle. CRM, Customer Relationship Management, ob mit oder ohne Software, kann Wunder wirken. Wie sieht es bei Ihnen aus?

Ihre Punktzahl auf einer Skala von 1 (nein/gar nicht) bis 10 (ja/sehr stark):

——

13. Werden Themen wie Personalentwicklung, Umweltschutz, Nachhaltigkeit, soziale Verantwortung sowie betriebliche Gesundheitsvorsorge aktiv umgesetzt und kommuniziert? In Zeiten von demografischem Wandel, Arbeitskräftemangel und verstärktem Wettbewerb wird eine zukunftsfähige, nachhaltige und mitarbeiterorientierte Unternehmensführung immer wichtiger. Gut aufgestellte Unternehmen beachten dabei Aspekte wie Personalführung, Chancengleichheit und Diversity, Gesundheit sowie Wissen und Kompetenz. Es geht dabei um mehr als nur um Mindeststandards. Es geht darum, aus der Masse hervorzustechen und als Arbeitgeber für neue Mitarbeiter attraktiv zu werden und die bereits vorhandenen Mitarbeiter an das Unternehmen zu binden. In Zeiten der Social Media und der Bewertungsportale ist zudem eine systematische und authentische Umsetzung sowie Kommunikation erforderlich.

Ihre Punktzahl auf einer Skala von 1 (nein/gar nicht) bis 10 (ja/sehr stark):

‗‗‗‗‗

14. Nutzt das Unternehmen effektive Methoden oder Systeme zur Erweiterung der Markenkultur? Oftmals fokussieren sich Markenverantwortliche auf den funktionalen Nutzen und die reinen Produkteigenschaften. Das ist auch relativ leicht. Echte Marken müssen aber mehr leisten. Sie müssen ein wirkliches Zuhause für den Kunden bieten. Nach Aaker et al. (2015, S. 51) ist es sinnvoll, „den emotionalen selbstdarstellenden und sozialen Nutzen als Teil der Markenvision und als Grundlage des Leistungsversprechens" zu berücksichtigen, die Markenkultur also um diese Aspekte zu erweitern und Erlebnismöglichkeiten zu schaffen. Nutzen Sie effektive Methoden und Systeme zur Erweiterung der Markenkultur, um so zu einer vielseitigeren und tieferen Beziehung zu den Kunden zu kommen? Wie sieht es bei Ihnen aus?

Ihre Punktzahl auf einer Skala von 1 (nein/gar nicht) bis 10 (ja/sehr stark):

‗‗‗‗‗

15. Hat das Unternehmen eine in Einklang mit den Markenzielen stehende Preisstrategie festgelegt und wird diese vom Marketing ausreichend unterstützt? Gute Preise aus Sicht des Anbieters stellen das langfristige Überleben und das Wohlergehen des Unternehmens sicher. Wie gut sind Ihre Preise und Ihr Preissystem im Verhältnis zur Konkurrenz? Natürlich sind die Preise immer eine Kombination oder Folge aus Kosten-Nutzen-Relationen. Sie bieten einen bestimmten Nutzen zu einem bestimmten Preis. Dieser gibt vor, ob es dem Kunden wert ist zu kaufen oder nicht. Klare Preisstrategien helfen dem Kunden, unklare verwirren, überhöhte schrecken ab.

Ermöglichen die Preisstrukturen das langfristige Überleben der Firma? Sind die Preisstellungen klar und übersichtlich genug? Verstehen die Kunden die Angebote oder gibt es zu viele Klauseln, die den Kauf erschweren? Verfügen Sie über flexible Preissysteme, die auf die Anforderungen der Kunden abgestellt sind? Wie sieht es bei Ihnen aus?

Ihre Punktzahl auf einer Skala von 1 (nein/gar nicht) bis 10 (ja/sehr stark):

‗‗‗‗‗

16. Wird die Zufriedenheit der Kunden und Interessenten mit der Marke regelmäßig abgefragt und wird daraus Nutzen gezogen? Kundenbefragungen gelten oft als erschwerendes Übel der Total-Quality-Management-Systeme; aber richtig angewandt, dienen sie der Informationsbeschaffung und helfen, langfristig auf dem richtigen Weg zu bleiben. Eine Kundenbefragung ist sinnlos, wenn sie Allgemeinplätze oder Indikatoren abfragt, die ohnehin nicht geändert werden können. Zudem sollten die Befragungen individuell für das eigene Unternehmen aufgebaut werden und auch Platz für die Meinungsäußerung der Befragten lassen.

Kundenbefragungen werden nicht zum Selbstzweck erstellt. Also überlegen Sie gut, was Sie abfragen wollen und welchen Nutzen Sie aus der Befragung ziehen wollen. Wird die Kundenzufriedenheit (Daten über Kundenbeziehung, -betreuung, -bindung und -wünsche) systematisch ermittelt und überwacht? Wird Feedback gesammelt, ausgewertet und dient es als Warnung, als Regulativ, ja als Ratgeber? Wenn Sie die wahre Situation nicht kennen, wie sollen Sie darauf reagieren? Nur weil eine Erkenntnis schmerzt, ist sie dennoch nicht unwichtig und zu vernachlässigen. Aus ihr werden Vorbeugungs- oder Korrekturmaßnahmen abgeleitet. Wie sieht es bei Ihnen aus?

Ihre Punktzahl auf einer Skala von 1 (nein/gar nicht) bis 10 (ja/sehr stark):

_____

17. Gibt es eine eindeutige, schriftlich fixierte Vision und eine daraus abgeleitete Markenleitargumentation? Die Vision beschreibt die Identität, die das Unternehmen wirklich ausmacht. Sie sollte in wenigen Worten, aber auch ausführlich beschrieben werden. Langfristig erfolgreiche Unternehmen verfügen über ein klares Zusammengehörigkeitsempfinden, das aus der Vision gespeist wird. Meist ist diese aus dem Traum der Gründer entstanden. Die Vision sollte nicht zu eng gefasst werden, in eine Markenleitargumentation münden und folgende Parameter enthalten:

- Welche Werte sind für das Unternehmen wichtig?
- Welchen Nutzen und welche Freuden will das Unternehmen vermitteln?
- Welche Talente und Kernkompetenzen möchte das Unternehmen anbieten?
- Welche Kraftgedanken möchte das Unternehmen fördern?
- Welche Wünsche sollen erfüllt werden?
- Wie sehen die Parameter des unternehmerischen Traumlebens und der Zukunft aus?

Erarbeiten Sie eine Vision, die beschreibt, warum die Organisation existiert und was das Ziel der Reise ist. Dies erfordert auch eine grundsätzliche Auseinandersetzung mit den Wünschen als Unternehmer und den wesentlichen Interessengruppen der Organisation. Wie sieht es bei Ihnen aus?

Ihre Punktzahl auf einer Skala von 1 (nein/gar nicht) bis 10 (ja/sehr stark):

_____

18. Ist das gesamte Markenmanagement inhaltlich wie methodisch auf die relevanten Zielgruppen/-segmente ausgerichtet und sind diese lukrativ? Sind die Geschäftsfelder und Zielgruppen klar definiert? Kennen Sie die Probleme und Wünsche der Zielgruppen? Gibt es „Nichtkunden", die zu Ihnen passen könnten? Zielgruppenfokus ist wichtig: bestimmte Kundengruppen ins Visier zu nehmen, sich auf sie zu konzentrieren, sie genau zu verstehen und mit der eigenen Problemlösungsfähigkeit zielgerichtet zu bedienen. Konzentration auf das Wesentliche bringt viele Vorteile. Lieber wählt man eine kleine Nische, ist dort der Beste und legt gezielt ein Angebot für eine spezielle und zahlungskräftige Zielgruppe auf, als dass man versucht, jedem Kunden alles anzubieten. Wissen Sie, bei welchen Kunden und mit welchen Leistungen Sie am besten Geld verdienen (A-/B-/C-Kunden)? Haben Sie Ihre Zielgruppe klar definiert, dann treten Sie in einen Dialog mit ihr ein – auch, um von ihr zu lernen und sich so zu verbessern. Stellen Sie das Angebot noch konsequenter auf die Zielgruppe ab, indem Sie alle Ressourcen in Produkte und Sortimente mit den größten Erträgen einbringen. Nehmen Sie eine Zielgruppensegmentierung vor, denn größere Zielgruppen splittern sich auch in Untergruppen auf. Wie sieht es bei Ihnen aus?

Ihre Punktzahl auf einer Skala von 1 (nein/gar nicht) bis 10 (ja/sehr stark):

_____

19. Ist die Markenstrategie darauf ausgerichtet, am Markt und unter den Mitarbeitern die Einzigartigkeit und Besonderheit der Marke in hohem Maße zu vermitteln? Marken sind Assets, echte Vermögenswerte. Sie haben Bestand über die reinen Produktangebote hinaus. Laut Aaker et al. (2015, S. 6) ist der Leitgedanke, „dass starke Marken die Grundlage eines Wettbewerbsvorteils und damit nachhaltiger Rentabilität sein können." Die richtige (Marken-)Strategie ist ein wesentlicher Faktor für den Erfolg von Unternehmen und Organisationen. Die Markenstrategie muss sowohl nach außen als auch nach innen festgelegt werden und durch geeignete Maßnahmen umgesetzt werden. Die regelmäßige Strategieüberprüfung ist für die kontinuierliche Verbesserung und ein langfristiges Überleben elementar, denn jede Leistung, auch die Markenleistung, kann und muss ständig verbessert werden. Wie sieht es bei Ihnen aus?

Ihre Punktzahl auf einer Skala von 1 (nein/gar nicht) bis 10 (ja/sehr stark):

_____

20. Werden aktiv innovative Marketingmaßnahmen (Social Media, Dialog etc.) zur öffentlichkeitswirksamen Markenförderung genutzt? „Webseiten, Blogs, soziale Medien, Online-Videos, Smartphones, Mobile Apps, Big Data, das Internet der Dinge bis hin zu Industrie 4.0 bieten Unternehmen ein digitales Potenzial, das es für den Markenaufbau und die Markenführung zu nutzen gilt" (Aaker et al. 2015, S. 105). Digitale Medien unterstützen Marken und zerstören Marken. Innovative Marketingmaßnahmen im digitalen Raum schaffen Vertrauen, beziehen Kunden ein und stimulieren den Kaufprozess. Gerade innovative Maßnahmen können der Marke zu einem gehörigen Schub verhelfen. Die Marketingmaßnahmen müssen jedoch gezielt, markenkonform und mit hoher Achtsamkeit ausgewählt werden, sonst schlägt die digitale Öffentlichkeit zurück. Die getroffenen Maßnahmen müssen permanent überwacht und beurteilt werden. Wie sieht es bei Ihnen aus?

Ihre Punktzahl auf einer Skala von 1 (nein/gar nicht) bis 10 (ja/sehr stark):

_____

21. Betreibt das Unternehmen authentische Öffentlichkeitsarbeit, die sich an der Marke orientiert und Mitarbeiter wie Kunden begeistert? Sorgfältige und sauber geplante Öffentlichkeitsarbeit baut Ihren Markennamen auf. Öffentlichkeitsarbeit ist dabei mehr, als Pressemeldungen zu schreiben. Redaktionen werden überschüttet von solchen Mitteilungen. Sind Ihre Pressemeldungen für Journalisten klar, informativ und verwertbar? Bieten sie ihnen Anlass, über Ihr Unternehmen zu berichten? Wie sorgfältig wird Ihr Presseverteiler gepflegt? Wie gut sind Ihre persönlichen Kontakte zu Pressevertretern? Wie gut sind Ihre Strategien, auf negative Meldungen zu reagieren? Haben Sie ein Konzept der Krisenkommunikation?

Intelligente PR setzt Akzente, muss nicht teuer sein, baut auf langfristigen Ansätzen auf und findet vor allem jenseits der Presse statt. Jede öffentliche oder virtuelle Begegnung im Dienst des Unternehmens hinterlässt ihren Eindruck. Wie arbeiten Sie im Internet, in Foren und Business-Netzwerken? Pflegen Sie Kontakte zu Verbänden, Politik und Wohltätigkeitsorganisationen? Nutzen Sie diese Medien, bewegen sich darin sicher und im Sinne der eigenen Ziele? Welche Spuren hinterlassen Sie dort? Ist Ihr öffentliches Image auf Ihre Intentionen abgestimmt? Transportieren Sie eine klare und jederzeit identifizierbare Corporate Identity (CI) nach außen? Öffentlichkeitsarbeit spiegelt sich auch im Verhalten der Unternehmensrepräsentanz wider. Authentische Öffentlichkeitsarbeit baut sich organisch auf. Die eigene Botschaft sollte im Mittelpunkt stehen, dann wird sie auch gehört. Gute Öffentlichkeitsarbeit setzt voraus, sich vorab über die eigenen Ziele wirklich Gedanken gemacht zu haben. Nutzen Sie dieses Instrument effektiv und nachhaltig? Wie sieht es bei Ihnen aus?

Ihre Punktzahl auf einer Skala von 1 (nein/gar nicht) bis 10 (ja/sehr stark):

_____

22. Ist das äußere Erscheinungsbild (Corporate Design) klar definiert und in der Außendarstellung durchgängig eingehalten? CI ist ein Differenzierungsmerkmal und inspirierender Faktor nach innen und außen. Durchgängigkeit ist Wiedererkennbarkeit und Zeichen von Professionalität. Als Kulturidee umfasst CI Corporate Design, Corporate Communication, Corporate Behaviour, Corporate Philosophy und Corporate Culture. Ihre Corporate Identity muss erst nach innen transportiert und verinnerlicht sein, bevor Sie damit nach außen treten können. Jeder Mitarbeiter ist ein Kommunikationsmedium des Unternehmens, seine Identifikation mit der CI und dem Unternehmensleitbild fungiert also als wichtiger Garant und Multiplikator. Mangelhafte interne Kommunikation ist die riskanteste Fehlerquelle, führt zu Verstimmung und womöglich zu Imageschäden durch negative öffentliche Äußerungen der Mitarbeiter. Die CI lebt im einheitlichen Außenauftritt, in Werbemaßnahmen, in der Korrespondenz und den Gepflogenheiten des Hauses. Die CI muss in Wort, Bild und Tat zeigen, was und wie Sie es tun. Leben alle im Unternehmen diese Identität, signalisieren Sie, dass Ihr Unternehmen über Existenznöte hinaus ist, und sichern Zukunftsfähigkeit. Haben Sie ein ausformuliertes, einheitliches Leitbild? Haben Sie ein einprägsames Logo und ist es in allen internen wie externen Medien präsent? Haben Sie eine Farb-/Bilderwelt, die von allen Mitarbeitern angewandt und mit dem Unternehmen verbunden wird? Wie sieht es bei Ihnen aus?

Ihre Punktzahl auf einer Skala von 1 (nein/gar nicht) bis 10 (ja/sehr stark):

_____

23. Berücksichtigen die Marketingaktivitäten auch den Auftritt der Marke als attraktiver, sicherer und langfristiger Arbeitgeber? Strategie, Marktentwicklung, Akquisitionen und Dispositionen sind zwar wichtig, aber dies alles zusammenfügen können nur Menschen. In Zeiten demografischen Wandels, moderner Medien und Wechselbereitschaft ist eine in den Köpfen der (potenziellen) Mitarbeiter verankerte Arbeitgebermarke sehr hilfreich. Je besser Sie vorgearbeitet haben, umso leichter fällt es dem Unternehmen, Mitarbeiter zu binden. Ein Unternehmen gewinnt und verliert mit seinen Mitarbeitern. Die Unternehmen, die eine Möglichkeit finden, jeden einzelnen Kopf einzubeziehen, Begeisterung in das Leben der Mitarbeiter zu bringen und jede künstliche Barriere zwischen ihnen zu beseitigen – das werden die Unternehmen sein, die zu den Gewinnern zählen. Eine hohe Attraktivität als Arbeitgeber und Partner ist eine wesentliche Voraussetzung dafür, die besten Mitarbeiter und Partner zu bekommen. Bespielen Sie in Ihren Marketingaktivitäten diesen Kanal? Nutzen Sie auch hier die sozialen Medien, aber auch Präsenzveranstaltungen? Wie sieht es bei Ihnen aus?

Ihre Punktzahl auf einer Skala von 1 (nein/gar nicht) bis 10 (ja/sehr stark):

_____

24. Analysieren Sie regelmäßig die Marken- und Unternehmensrisiken und dokumentieren Sie die Maßnahmen zur Risikominimierung? Für jedes Unternehmen und jede Marke gibt es Risiken. Diese Risiken zu beobachten, zu analysieren und sie zu beherrschen, ist Pflicht eines guten Markenmanagements. Risikomanagement bezeichnet den Umgang mit allen Risiken, die aus dem Geschäftsbetrieb für ein Unternehmen und eine Marke entstehen können, und beschränkt sich nicht nur auf die Handhabung versicherbarer Risiken (Insurance Management). Die klassische Unternehmungsführung verfolgt die Erreichung der Unternehmensziele. Das generelle Risikomanagement als ein Bestandteil der Unternehmensführung will eine Abweichung von oder Gefährdung dieser Ziele verhindern. Ein Risikomanagementsystem ist sinnvollerweise bereits aus Haftungsgründen und zur Absicherung des Managements einzuführen. Ein Risikomanagement besteht in vereinfachter Form aus zwei Teilen: zum einen aus einer grundlegenden Analyse, in der vorhandene Risiken erkannt und bewertet werden, zum anderen aus der Ableitung und Festlegung vorbeugender Maßnahmen zur Risikominimierung. Wie sieht es bei Ihnen aus?

Ihre Punktzahl auf einer Skala von 1 (nein/gar nicht) bis 10 (ja/sehr stark):

_____

3.2 Die Auswertung

Jede Frage haben Sie auf einer Skala von 1–10 beantwortet. Tragen Sie nun die von Ihnen notierten Werte in Tab. 3.1 in die grau markierten Kästchen ein. Notieren Sie in der letzten Zeile der Tabelle die Summe der Werte zu den jeweiligen Faktoren. Alle Werte zusammen ergeben den Gesamt-Score.

Wenn Sie bei einem oder mehreren Einzelfaktoren eine niedrige Punktzahl erreicht haben, sollten Sie in diesen Fällen die entsprechenden Abschnitte in Kap. 4 besonders intensiv lesen.

Tab. 3.1 Auswertung Markencheck. Beantworten Sie jede Frage auf einer Skala von 1–10. Tragen Sie die entsprechenden Werte in die entsprechenden Spalten ein. Notieren Sie in der letzten Zeile die Summe der Werte aus den jeweiligen Spalten. Alle Werte zusammen ergeben den Gesamt-Score.

	Spalte 1: Visionäre Klarheit	Spalte 2: Markenfokus	Spalte 3: Innere Markenarbeit	Spalte 4: Customer Experience	Spalte 5: Digitale Innovation	Spalte 6: Kommunikationsbasis	Spalte 7: Employer Branding	Spalte 8: Markencontrolling	Spalte 9: Öffentlichkeitsarbeit	Spalte 10: Risikomanagement
1. Zielt die Markenstrategie des Unternehmens auf eine klare Wettbewerbsunterscheidung ab und spürt man das auch? (Spalte 2)										
2. Sind die konkreten Markenziele eindeutig definiert und in einer verständlichen Weise kommuniziert? (Spalte 3)										
3. Wendet das Unternehmen systematisch unterschiedliche Methoden an, um die Marke und ihre Botschaft für jeden transparent und erlebbar zu machen? (Spalte 4)										
4. Bietet das Unternehmen tolle Problemlösungen für die Kunden und wird dies auch in den neuen Medien vom Kunden wahrgenommen? (Spalte 5)										

Tab. 3.1 Fortsetzung

	Spalte 1: Visionäre Klarheit	Spalte 2: Markenfokus	Spalte 3: Innere Markenarbeit	Spalte 4: Customer Experience	Spalte 5: Digitale Innovation	Spalte 6: Kommunikationsbasis	Spalte 7: Employer Branding	Spalte 8: Markencontrolling	Spalte 9: Öffentlichkeitsarbeit	Spalte 10: Risikomanagement
5. Hat das Unternehmen ein überzeugendes Marketingkonzept, das systematisch umgesetzt wird? (Spalte 6)										
6. Überrascht das Unternehmen die Kunden immer wieder mit sehr attraktiven digitalen Marketingaktionen? (Spalte 5)										
7. Hat das Unternehmen ein sehr gutes Image (als Produkt/Marke)? (Spalte 8)										
8. Nutzt das Unternehmen Social Media (Facebook, Xing, Twitter etc.) aktiv? (Spalte 5)										
9. Begeistert die Unternehmensphilosophie die Mitarbeiter, Kunden und Partner? (Spalte 1)										

Tab. 3.1 Fortsetzung

	Spalte 1: Visionäre Klarheit	Spalte 2: Markenfokus	Spalte 3: Innere Markenarbeit	Spalte 4: Customer Experience	Spalte 5: Digitale Innovation	Spalte 6: Kommunikationsbasis	Spalte 7: Employer Branding	Spalte 8: Markencontrolling	Spalte 9: Öffentlichkeitsarbeit	Spalte 10: Risikomanagement
10. Nutzt das Unternehmen sehr erfolgreiche Kundengewinnungsstrategien auf Basis eines modernen Data-Managements? (Spalte 4)										
11. Werden die Stärken und Schwächen der eigenen Marke regelmäßig überprüft und daraus Verbesserungen abgeleitet? (Spalte 10)										
12. Fördert das Markenmanagement die Qualität vom ersten Kundenkontakt bis zum erfolgreichen Kauf im Sinne eines Dialogmarketings? (Spalte 4)										

Tab. 3.1 Fortsetzung

	Spalte 1: Visionäre Klarheit	Spalte 2: Markenfokus	Spalte 3: Innere Markenarbeit	Spalte 4: Customer Experience	Spalte 5: Digitale Innovation	Spalte 6: Kommunikationsbasis	Spalte 7: Employer Branding	Spalte 8: Markencontrolling	Spalte 9: Öffentlichkeitsarbeit	Spalte 10: Risikomanagement
13. Werden Themen wie Personalentwicklung, Umweltschutz, Nachhaltigkeit, soziale Verantwortung sowie Betriebliche Gesundheitsvorsorge umgesetzt und kommuniziert? (Spalte 7)										
14. Nutzt das Unternehmen effektive Methoden zur Erweiterung der Markenkultur? (Spalte 3)										
15. Hat das Unternehmen eine im Einklang mit den Markenzielen stehende Preisstrategie festgelegt und wird diese vom Marketing ausreichend unterstützt? (Spalte 2)										

Tab. 3.1 Fortsetzung

	Spalte 1: Visionäre Klarheit	Spalte 2: Markenfokus	Spalte 3: Innere Markenarbeit	Spalte 4: Customer Experience	Spalte 5: Digitale Innovation	Spalte 6: Kommunikationsbasis	Spalte 7: Employer Branding	Spalte 8: Markencontrolling	Spalte 9: Öffentlichkeitsarbeit	Spalte 10: Risikomanagement
16. Wird die Zufriedenheit der Kunden und Interessenten mit der Marke regelmäßig abgefragt und wird daraus Nutzen gezogen? (Spalte 8)										
17. Gibt es eine eindeutige, schriftlich fixierte Vision und daraus abgeleitete Markenleitargumentation? (Spalte 1)										
18. Ist das ganze Markenmanagement auf die relevanten Zielgruppen ausgerichtet und sind diese lukrativ? (Spalte 2)										
19. Analysieren Sie regelmäßig die Unternehmensrisiken und dokumentieren Sie die Maßnahmen zur Risikominimierung? (Spalte 10)										

Tab. 3.1 Fortsetzung

	Spalte 1: Visionäre Klarheit	Spalte 2: Markenfokus	Spalte 3: Innere Markenarbeit	Spalte 4: Customer Experience	Spalte 5: Digitale Innovation	Spalte 6: Kommunikationsbasis	Spalte 7: Employer Branding	Spalte 8: Markencontrolling	Spalte 9: Öffentlichkeitsarbeit	Spalte 10: Risikomanagement
20. Ist die Markenstrategie darauf ausgerichtet, am Markt und unter den Mitarbeitern die Besonderheit der Marke in hohem Maße zu vermitteln? (Spalte 3)										
21. Werden aktiv innovative Marketingmaßnahmen zur öffentlichkeitswirksamen Markenförderung genutzt? (Spalte 9)										
22. Betreiben Sie authentische Öffentlichkeitsarbeit, die sich an der Marke orientiert und Mitarbeiter/Kunden begeistert? (Spalte 9)										
23. Ist das äußere Erscheinungsbild klar definiert und in der Außendarstellung durchgängig eingehalten? (Spalte 6)										

Tab. 3.1 Fortsetzung

	Spalte 1: Visionäre Klarheit	Spalte 2: Markenfokus	Spalte 3: Innere Markenarbeit	Spalte 4: Customer Experience	Spalte 5: Digitale Innovation	Spalte 6: Kommunikationsbasis	Spalte 7: Employer Branding	Spalte 8: Markencontrolling	Spalte 9: Öffentlichkeitsarbeit	Spalte 10: Risikomanagement
Berücksichtigen die Marketingaktivitäten auch den Auftritt der Marke als attraktiver, sicherer und langfristiger Arbeitgeber? (Spalte 7)										
Summe (addieren Sie die Punktzahl pro Spalte)	Max.: 20 Punkte	Max.: 30 Punkte	Max.: 30 Punkte	Max.: 30 Punkte	Max.: 30 Punkte	Max.: 20 Punkte	Max.: 20 Punkte	Max.: 20 Punkte	Max.: 20 Punkte	Max.: 20 Punkte
IHR GESAMT-SCORE:___										

3.3 Bewertungsergebnisse

120 Punkte oder weniger: Markenmanagement kann Ihre Erfolgsstory werden! Ein Wert von 120 Punkten oder weniger (≤ 50 Prozent) sollte Sie nicht zufriedenstellen. Ihre Marke ist Ihr Asset. Marken werden heutzutage von Kunden als Anker in einer sich verändernden Gesellschaft empfunden. Kunden entwickeln Treue und Loyalität. Dementsprechend bleiben sie mit ihren Kaufentscheidungen bei dieser Marke. Nutzen Sie Markenmanagement künftig als Ihr Cockpit für die wertsteigernde Unternehmensentwicklung.

120–180 Punkte: Mit Markenmanagement systematisch zum Erfolg! Ein Wert von 120–180 Punkten (51–75 Prozent) zeigt, dass Ihr Unternehmen die Marke bereits als einen wichtigen Faktor für die Unternehmensentwicklung ansieht. Ihre Marke ist Ihr Wachstumshebel. Marken werden heutzutage von Kunden als Anker in einer sich verändernden Gesellschaft empfunden. Kunden entwickeln Treue und Loyalität. Dementsprechend bleiben sie mit ihren Kaufentscheidungen bei dieser Marke. Nutzen Sie künftig Markenmanagement noch systematischer und digitaler als Ihr Unternehmensführungscockpit.

180 Punkte oder mehr: Sie werden echter Bestleister im Markenmanagement! Ein Wert von 180 bis 240 Punkten (76–100 Prozent) zeigt, dass Ihr Unternehmen die systematische Markenarbeit bereits als den entscheidenden Faktor für die Unternehmensentwicklung verinnerlicht hat. Glückwunsch! Sie gehören zu den Vorreitern. Ihre Marke ist Ihr wichtigstes Asset. Marken werden heutzutage von Kunden als Anker in einer sich verändernden Gesellschaft empfunden. Kunden entwickeln Treue und Loyalität. Dementsprechend bleiben sie mit ihren Kaufentscheidungen bei dieser Marke. Sie können nun echter Bestleister und Vorreiter im (digitalen) Markenmanagement werden.

Ihr Transfer in die Praxis

- An welchen Stellen sind Ihre Werte niedriger als 8?
- Woran liegt das?
- Wie könnten Sie Ihren Wert verbessern?
- Gibt es Sofortmaßnahmen, die Sie einleiten können?
- Welche Hebel müssen langfristig umgestellt werden?

Literatur

Aaker, D., F. Stahl, und F. Stöckle. 2015. *Marken erfolgreich gestalten. Die 20 wichtigsten Grundsätze der Markenführung*. Wiesbaden: Springer Gabler.

Onpulson-Wirtschaftslexikon. 2017. http://www.onpulson.de/lexikon/markenimage/. zugegriffen: 15. Febr. 2017.

Markenbildungsfaktoren

4

In diesem Kapitel stellen wir Ihnen die Faktoren, die für eine erfolgreiche Markenführung notwendig sind, im Detail vor: eine klare Markenvision, ein eindeutiger
Markenfokus, eine gute Kommunikationsbasis, gezieltes Employer Branding, eine
konsequente innere Markenarbeit im Unternehmen, gutes Customer Experience
Management, professionelle Öffentlichkeitsarbeit, digitale Innovation, ein sinnvol-
les Markencontrolling und ein gutes Risikomanagement.

Was Sie aus diesem Kapitel mitnehmen

- Einen umfassenden Überblick über die wichtigsten
  Markenbildungsfaktoren
- Zahlreiche Tipps, wie Sie diese Faktoren richtig einführen und umsetzen
- Einblicke in die Markenarbeit diverser Unternehmen anhand von echten
  Beispielen

4.1 Visionäre Klarheit

Eine Marke braucht Klarheit, nicht nur im Design oder in der Formensprache,
sondern vor allem auch in der visionären Ausrichtung und in der gelebten Kultur.
Wir haben Ihnen zu diesem Faktor in Kap. 3 folgende Fragen gestellt:

- Begeistert die Unternehmensphilosophie die Mitarbeiter, Kunden und Partner?
- Gibt es eine eindeutige, schriftlich fixierte Vision und eine daraus abgeleitete
  Markenleitargumentation?

© Springer Fachmedien Wiesbaden GmbH 2018
S. Kugler, H. von Janda-Eble, *Markenmanagement mit System*,
https://doi.org/10.1007/978-3-658-16225-2_4

▶ Je größer ein Unternehmen wird, desto wichtiger ist die systematische
  Herangehensweise. Dies betrifft auch und vor allem den Umgang mit
  der eigenen Vision und dem eigenen Markenverständnis.

Die Vision beschreibt die Identität, den Kern der Marke, also das, was das Unternehmen wirklich ausmacht. Sie sollte in wenigen Worten, aber auch ausführlich beschrieben werden können. Langfristig erfolgreiche Unternehmen verfügen über ein klares Zusammengehörigkeitsempfinden, das aus der Vision heraus gespeist wird. Die Vision sollte ein Zukunftsbild der Marke vermitteln, welches in Verbindung mit den langfristigen Wünschen der Protagonisten (Mitarbeiter, Kunden, Kapitalgeber etc.) steht. Diese Beschreibungen überdauern oft Jahrzehnte. Die Vision und der Unternehmenszweck lassen sich zudem in guten Unternehmen in je drei Sätzen beschreiben. Im Sinne einer kontinuierlichen Verbesserung sollte mindestens einmal pro Jahr die Erfüllung der eigenen Visionsparameter durch die Mitarbeiter, Inhaber und auch durch Externe – kurz: Stakeholder – überprüft und schriftlich ausgewertet werden.

4.1.1   Stolzkultur

Eine echte visionäre Klarheit äußert sich in Form einer Stolzkultur. Stolz als positives Gefühl, an etwas gemeinsam Erreichten oder an etwas Wichtigem teilnehmen zu dürfen. Wenn Stolz in diesem Sinne empfunden und ausgedrückt wird, können wir das als Stolzkultur bezeichnen. „Wenn es Ihnen gelingt, Ihre Mitarbeiter zu begeistern, und wenn Sie Freiräume lassen, kommen die Ideen von alleine" (Wala 2016, o. S.).

Klaus Kobjoll, Preisträger des Deutschen Marketing-Preises hat den Begriff geprägt und in seinem Blog beschrieben:

▶ „Wie entsteht Stolzkultur in einem Unternehmen? Dass alle Mitarbeiter
  sagen, ich habe immer noch eine Gänsehaut, wenn ich früh zur Arbeit
  komme. Eine von vielen Möglichkeiten ist es, Preise und Auszeichnungen zu bekommen. Wir stehen hier vor einem vier Meter breiten
  Schrank vor den Damen- und Herrentoiletten in einem unserer [sic!]
  Tagungszentren. Da sind alle diese Trophäen drin und ich hab grade
  schon wieder eine neue in der Hand. Bei einem Vortrag einer jungen
  westdeutschen Professorin, Heike Bruch, irgendwo in der Schweiz,
  habe ich eine wunderbare Wortschöpfung dieser Frau gehört: ‚Winning
  the Princess' – Schleppen Sie Prinzessinnen ab. Die Vorgehensweise ist

immer die gleiche. Zunächst ist es eine Vision. Sie wird klar definiert, klar kommuniziert. Dann wird dem Mitarbeiter vermittelt, dass es keinen Zweifel daran gibt, dass wir den Preis gewinnen, niemals der Zweite sein wollen. Und dann – last but not least – wird 'rüber gebracht [sic!]: Mit Euch [sic!] schaff ich das. Es ist die Stärkung des Vertrauens in die eigene Kompetenz – vielleicht geht es mit einem anderen Team nicht, aber mit Euch [sic!]!" (Kobjoll 2012, o. S.).

Stolzkultur entsteht nicht von alleine. Sie wird entwickelt. Sie muss gehegt und gepflegt werden. Menschen werden für die Stolzkultur eingenommen, wenn ihre Meinung zählt, wenn sie Entwicklungsmöglichkeiten haben und selbst im Sinne der Vision mitgestalten können.

Für Unternehmen ist die intrinsische Motivation der Mitarbeiter, der Partner und Kunden von außergewöhnlicher Bedeutung. Die Vision, der ganzheitliche Ansatz, die Grundsätze der Gründer – all die Punkte, die das Unternehmen ausmachen, bilden die Basis für die Stolzkultur. Die Stolzkultur prägt und fließt in die Unternehmensgrundsätze ein. Diese werden gerne visualisiert, zum Beispiel als Plakat ausgehängt, in Workshops geschult, kurz: einfach gelebt.

Das Ergebnis ist ein Markenleitbild für Ihr Unternehmen, eine Art **Markenradar**, an dem sich künftig alle Entscheidungen ausrichten. Das Markenradar bringt den Fokus, die Werte, die Qualitäten und den Nutzen, für den das Unternehmen stehen will, auf den Punkt.

4.1.2 Vision und Markenradar klären

Stellen Sie sich regelmäßig folgende Fragen:

- Warum tun wir das, was wir heute tun?
- Was wäre uns auch in einer wirtschaftlichen Krisensituation immer wichtig?
- Was würden wir auch dann hochhalten, wenn es ein (scheinbarer) Nachteil im Wettbewerb wäre?
- Wo möchten wir in sechs Jahren mit der Marke stehen?
- Was ist unser persönliches Ziel mit der Marke?
- In welchem Bereich wollen wir zukünftig führend sein?
- Warum soll uns ein Kunde in der Zukunft die Treue halten?
- Welche Kunden würden wir uns selbst aussuchen oder wünschen?
- Heißt es in Zukunft: „Unsere Marke ist bekannt für … ‟?

Die Vision dient dazu, die Mitarbeiter hinter einem Ziel zu versammeln, sie ist ein langfristiges Zukunftsbild des Unternehmens. Dieses Zukunftsbild beschreibt die Einzigartigkeit des Unternehmens und gibt ihm dadurch eine Identität. Für die Mitarbeiter zeigt die Vision Sinn und Nutzen ihres Handelns auf und stiftet dadurch Sinn.

Die Vision dient als Orientierung für die nachhaltige Unternehmensstrategie der kommenden fünf bis zehn Jahre. Einige Beispiele für Visionen:

- Nike (1960er): „Crush adidas."
- Specialized: „We want to be the best bicycle brand in the world."
- USA (1961): „I believe that this nation should commit itself to achieving the goal, before this decade is out, of landing a man on the moon and returning him safely to the earth." (John F. Kennedy)
- Microsoft (1975): „Ein Computer auf jedem Schreibtisch und in jedem Zuhause."
- Wikipedia: „Stell Dir eine Welt vor, in der jeder einzelne Mensch freien Anteil an der Gesamtheit des Wissens hat."

4.1.3 Mission

Die Mission sagt aus, warum es das Unternehmen gibt. Der wesentliche Zweck oder den Auftrag, den das Unternehmen verfolgt. Der Weg, wie Sie die Vision erreichen. Formulieren Sie in einem Satz den Auftrag, den sich Ihre Firma selbst gegeben hat. Stellen Sie sich vorab folgende Fragen:

- Was will das Unternehmen für seine Kunden sein?
- Wie wollen wir von unseren Kunden gesehen werden?
- Warum soll der Kunde uns vertrauen und loyal sein?

Im Folgenden finden Sie einige Beispiele für Missionen:

- Starbucks: „Wir möchten Menschen in jeder Umgebung inspirieren und fördern – Tasse für Tasse, Kaffeetrinker für Kaffeetrinker."
- uvex: „protecting people ist unser Auftrag und unsere Verantwortung. Dazu entwickeln, produzieren und vertreiben wir Produkte und Serviceleistungen für die Sicherheit und den Schutz des Menschen im Berufs-, Sport- und Freizeitbereich. 24/7/365."
- Google: „Google's mission is to organize the world's information and make it universally accessible and useful."

Beispiel: Lehrieder Catering-Party-Service

Als Beispiel aus dem KMU-Bereich sehen wir uns die Entwicklung des Markenradars des Unternehmens Lehrieder Catering-Party-Service GmbH & Co KG an, einem Event-, Kulinar- und Messeservice-Unternehmen in Nordbayern.

Seit der Gründung des Familienunternehmens im Jahr 1971 als Partyservice mit Getränkegroßhandel verfolgen die Inhaber konsequent die Weiterentwicklung von Tradition und Moderne: Sie greifen frühzeitig gastronomische Trends auf und verbinden sie mit traditionellen Werten. Aus der Urzelle wuchs in 40 Jahren ein Unternehmen mit heute mehr als 350 Mitarbeitern und den Bereichen Messecatering, Standcatering, Kongress- und Tagungscatering, Standpartys, Messerestaurant-Bewirtung und Bewirtung von mobilen Outlets sowie Eventgastronomie heran.

Von kleinen innovativen oder exklusiven Veranstaltungen bis hin zu Bällen oder Großevents mit 5.000 Teilnehmern deckt Lehrieder die gesamte Bandbreite von Cateringveranstaltungen ab.

Im Jahr 2017 blickt das Unternehmen nun auf mehr als vier Jahrzehnte kulinarischen Engagements sowie einen erfolgreichen Generationswechsel zurück und kann stolz behaupten, die Vision kompromissloser Qualität in Service und Angebot nicht nur verfolgt, sondern auch verwirklicht und zudem stetig erweitert zu haben. Das Unternehmen wurde u. a. mit dem „TOP JOB"-Award 2016 ausgezeichnet.

Aufgabe

Die Aufgabe für das Unternehmen Lehrieder war es, den bereits seit 40 Jahren erprobten und gelebten Anspruch zu verdichten und daraus einen echten Markenkern zu entwickeln. Der Markenkern sollte über alle Angebote, Produktgruppen sowohl nach innen als auch nach außen bestens kommunizierbar sein. Er sollte die nächste Entwicklungsstufe des Unternehmens zünden, gleichsam eine neue Herausforderung darstellen und eben die Stolzkultur auf den Punkt bringen, ja mehr noch: sich neu herausfordern.

Gerade das starke Wachstum des Unternehmens mit immer mehr Mitarbeitern, höherem Organisationsgrad und einer deutlichen Produktdiversifizierung machte die Fokussierung auf das Wesentliche zu einem ganz wichtigen Hebel für die weitere Unternehmensentwicklung und zu einem Wunsch der Unternehmensleitung.

Im Mittelpunkt der strategischen Arbeit standen dabei der Führungsanspruch des Unternehmens und die Lehrieder-Unternehmensvision: **die gemeinsame Leidenschaft, das für alle Sinne und bis ins Detail perfekt inszenierte Erlebnis zu gestalten!**

In einem Workshop wurde mit der Unternehmensleitung ganz im Sinne Michelangelos das herausgearbeitet, was schon immer im Unternehmen lag.

Michelangelo sah schon im rohen Marmorblock das Kunstwerk vorgeformt, es schlummerte als Idee bereits im Stein und musste nur noch daraus „befreit" werden (vgl. Sasse 2013, o. S.).

Das Ergebnis wurde in einem neuen Slogan formuliert:

In diesem Satz sind Anspruch, Historie, Servicebereitschaft, Qualität, Innovationskraft und Kreativität – gleich ob auf einer kleinen intimen Veranstaltung oder einem öffentlichkeitswirksamen Großevent – auf zwei Worte verdichtet.

Die Markenvision lässt sich auch an unterschiedliche Rahmenbedingungen anpassen oder akzentuieren. Nach Aaker et al. (2015, S. 26) lässt sich die Marke in verschiedenen Kategorien und Märkten intern wie extern vermitteln, wenn sie sich immer auf dieselbe Markenvision beziehen kann.

„Das Ziel muss jedoch lauten, überall eine starke Marke zu haben und nicht überall die gleiche" (Aaker et al. 2015, S. 26). Das heißt, die Markenvision muss Zeiten und Märkte überspannen können, sich im lokalen und im länderspezifischen Kontext anpassen. Ideal ist eine Markenvision mit zwei bis fünf Elementen. Das Unternehmen kann dann daraus das passendste aussuchen, um dessen jeweiligen Einfluss in den einzelnen Märkten zu maximieren (vgl. Aaker et al. 2015, S. 27).

4.1.4 Wie werden ein solcher Markenkern und eine Unternehmensvision als Anspruch entwickelt?

Aufbauend auf der Fokusanalyse[1] gehen wir dabei immer in zwei Stufen vor:

1. Stufe: Bewusste Auseinandersetzung mit der eigenen Markenidentität
„Im ersten Teilprozess, der bewussten Auseinandersetzung mit der bestehenden Unternehmenskultur, werden die Überzeugungen inhaltlich festgelegt und festgeschrieben" (Sackmann et al. 1997, S. 14). Wir nennen dies die Erarbeitung der

---

[1] Die Fokusanalyse hilft Menschen und Unternehmen, schnell und zeitsparend Zukunftsthemen und Ziele zu definieren und daraus Strategien abzuleiten. Mehr dazu: http://www.alchimedus.de/product/alchimedus-fokusanalyse/.

eigenen Wertekarte, was oftmals die erste bewusste, ganzheitliche und systematische Auseinandersetzung mit den Qualitäten, Nutzenversprechen, Werten, Slogans und den Parametern des eigenen Erfolgsbegriffs darstellt.

A. **Qualitäten**: Unternehmen, die ihre Qualitäten nicht auf die Straße bringen, verlieren Kundenpotenzial und werden nicht wahrgenommen. Die Qualitäten gilt es zu sammeln. Dazu erarbeiten Sie und Ihr Team in einem Workshop die Qualitäten, für die das Unternehmen aus Ihrer Sicht stehen soll.
Die Frage an Sie lautet: Welche Qualitäten wollen Sie in der Marke, im Projekt und im Unternehmensangebot wiederfinden? Bitte notieren Sie Ihre Kriterien auf Karten oder einem Blatt!

B. **Nutzen:** Kunden begeistern sich für eine Marke und für Angebote, wenn sie einen eindeutigen und klaren Nutzen erkennen können und wenn die Marke authentisch ist.
Die Frage an Sie lautet: Welchen Nutzen wollen Sie in der Marke, im Projekt, im Team und im Unternehmensangebot wiederfinden? Bitte notieren Sie Ihre Kriterien auf Karten oder einem Blatt!

C. **Werte:** Wer seine Werte im Leben nicht findet, verliert die Lust am Leben. Wer seine Werte im Beruf nicht findet, der verliert die Lust an seiner Arbeit. Wer seine Werte in der Marke nicht findet, verliert die Lust am Kaufen.
Die Frage an Sie lautet: Welche Werte wollen Sie in der Marke, im Projekt, im Team und im Unternehmensangebot wiederfinden? Bitte notieren Sie Ihre Kriterien auf Karten oder einem Blatt!

D. **Slogans:** Im nächsten Schritt werden Kraftgedanken für das Unternehmen, die Marke und das Angebot entwickelt. Die Ergebnisse werden klar formuliert. Oftmals entstehen gerade hier schlagkräftige Slogans.
Die Frage an Sie lautet: Welche Slogans, Geschichten oder einprägsame Sätze erklären Ihre Vorgehensweise im Unternehmen, geben Kraft und begeistern Kunden wie Mitarbeiter? Bitte notieren Sie Ihre Kriterien auf Karten oder einem Blatt!

E. **Wünsche:** Im nächsten Schritt werden die persönlichen Wünsche der Teilnehmer für das Unternehmen erfragt. Diese müssen etwas mit der Erreichung der Unternehmensziele zu tun haben und die Menschen konkret in die Handlung einbeziehen.
Die Frage an Sie lautet: Welche Wünsche haben Sie ganz persönlich an die Marke? Bitte notieren Sie Ihre Kriterien auf Karten oder einem Blatt!

F. **Erfolgsfaktoren:** Wir erarbeiten nun die messbaren Erfolgsparameter der Marke. Erfolgsparameter stellen Messgrößen dar. Sie werden am besten am Anfang des Projekts der Markenentwicklung aufgestellt und dienen dann der

Projektüberwachung. An diesen qualitativen Kriterien wird künftig gemessen, ob der Projekt- und Markenerfolg erreicht wurde. *Die Frage an Sie lautet:* Woran wollen Sie in zwei Jahren messen, dass das Markenprojekt erfolgreich war? Bitte notieren Sie Ihre Kriterien auf Karten oder einem Blatt!

G. **Zieldefinition:** Sie entwerfen zum Abschluss schriftlich eine Art geistiges Gemälde der Marke wie in Abb. 4.1. Sie ziehen dazu alle erarbeiteten Qualitäten, Nutzen, Werte, Slogans, Wünsche und Erfolgsparameter heran, sichten und bewerten diese. Es sollten nur diejenigen Kriterien übrig bleiben, die zu der künftigen und tatsächlich darstellbaren Markenidentität passen.

Alle Ergebnisse aus Werten, Nutzen, Qualitäten, Slogans und Parametern des Projekterfolgs werden nun aus der Fokus- oder Visionskarte (wie in Abb. 4.1) in einen Text auf maximal einer DIN-A-4-Seite übertragen.

Dieser Text wird dann in ein Markenbild übertragen und gerne auch zu Führungsgrundsätzen weiterentwickelt. Die Mitarbeiter werden anhand dieses Markenbilds und den daraus abgeleiteten Führungsgrundsätzen geschult. Somit werden

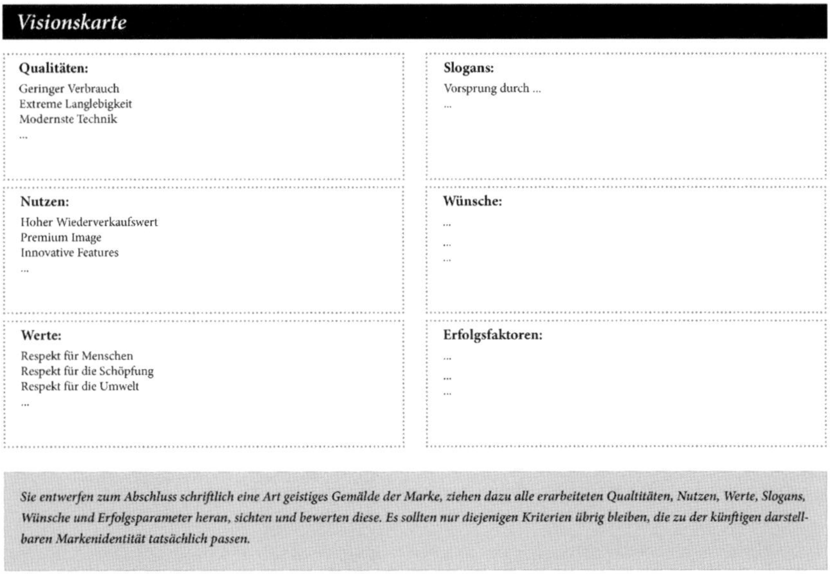

Abb. 4.1 Visionskarte. (Quelle: Alchimedus Management GmbH)

„die Potenziale der Mitarbeiter ganz pragmatisch auf die Unternehmensziele ausgerichtet" (Kugler 2005, o. S.).[2]
Alle künftigen Strategieentscheidungen orientieren sich an diesem Markenradar.

2. Stufe: Überwachung des neuen Markenkerns

Je größer ein Unternehmen wird, desto wichtiger ist die systematische Herangehensweise. Dies betrifft auch und vor allem den Umgang mit der eigenen Vision oder – anders ausgedrückt – dem Markenkern.

Anhand der Überprüfung der Erfolgsparameter der Marke und der Wertekarte nach Stufe 1 stellen Sie fest, ob das Projekt oder die Marke den eigenen Zielvorstellungen und dem eigenen Anspruch gefolgt ist und diese noch einhält.

Im zweiten Teilprozess wird nun der Ist-Zustand – die Erfüllung der Kriterien aus der Wertekarte und damit die Unternehmenskultur – überprüft. „Dies kann zu ihrer Bestätigung führen und einen Prozess der regelmäßigen kritischen Überprüfung und kontinuierlichen Anpassung der Kultur einleiten oder einen bewussten Entwicklungsprozess anstoßen, bei dem Aspekte der vorhandenen Kultur verändert oder neu fokussiert werden" (Sackmann et al. 1997, S. 14 ff.). Erfolgt dies gemeinsam, also zwischen Führung und Mitarbeitern, entstehen an dieser Stelle die oftmals vermisste Mitarbeiterenergie, der Zusammenhalt und das gewünschte Engagement.

Umsetzungsziel/Prozessvorschlag

Leitbild, Markenrad oder Markenkern beschreiben unsere fixierte Mission und enthalten Aussagen zu den zentralen Werten und der eigenen Erwartungshaltung an die Mitarbeiter, zu unseren Führungsgrundsätzen und unserem Unternehmenszweck.

Nach diesem Leitbild richten sich alle Handlungen im Unternehmen aus. Ziele, Unternehmensstrategien und die Definition von Standards leiten sich davon ab. Wichtig ist, dass Leitbild, Markenrad und Markenkern laufend an die Mitarbeiter kommuniziert werden und von Vorgesetzten und Mitarbeitern mit Leben gefüllt werden. Wir haben klare Vorstellungen darüber, wie bei uns gearbeitet und miteinander umgegangen wird, besprochen und formuliert. Im Sinne einer kontinuierlichen Verbesserung sollte mindestens einmal pro Jahr die Erfüllung der eigenen Visions- und Markenkernparameter durch die Mitarbeiter, Inhaber und auch durch Externe überprüft und schriftlich ausgewertet werden.

---

[2] Hier müssen Sie selber entscheiden, ob Sie mit einer Markenagentur zusammenarbeiten wollen oder diesen Prozess selber steuern möchten. Grundsätzlich gilt: Ein Blick von außen ist immer gut und hilfreich.

4.2   Markenfokus

Der Markenfokus beschreibt die Fähigkeit eines Unternehmens, die richtige Strategie zur Umsetzung der (Marken-)Vision auszuwählen und dann systematisch umzusetzen sowie bei wesentlichen Veränderungen darauf zu reagieren. Wir haben Ihnen zu diesem Faktor in Kap. 3 folgende Fragen gestellt:

- Zielt die Markenstrategie des Unternehmens auf eine klare Wettbewerbsunterscheidung ab und spürt/sieht man das auch?
- Hat das Unternehmen eine im Einklang mit den Markenzielen stehende Preisstrategie festgelegt und wird diese vom Marketing ausreichend unterstützt?
- Ist das gesamte Markenmanagement inhaltlich wie methodisch auf die relevanten Zielgruppen/-segmente ausgerichtet und sind diese lukrativ?

Eine Strategie zu entwickeln, ist fundierte Arbeit auf Basis erprobter Grundregeln und kein Zufallswerk.

Den Markenkern und den Markennutzen haben wir in den vorausgegangenen Kapiteln erarbeitet. Als nächster Schritt auf dem Weg zu einer echten Markenstrategie steht die Definition der Markenpersönlichkeit (Abb. 4.2) an.

Eine Marke lässt sich ähnlich wie ein Mensch anhand charakteristischer Eigenschaften und Merkmale beschreiben. Der Markenkern hat die Frage geklärt „Wer bin ich?", der Markennutzen die Frage „Was biete ich an?" und die Markenpersönlichkeit klärt nun die Frage „Wie bin ich?". Das **Wie** ist ganz besonders wichtig, denn das Wie klärt, auf welche Weise Kunden angesprochen werden: rebellisch oder konservativ, kreativ oder witzig, ironisch oder informativ etc.

Die sogenannte Markenpersönlichkeit kann mit den menschlichen Eigenschaften bestimmt werden, die mit einer Marke verbunden werden sollen. Die amerikanische Marketingprofessorin Jennifer L. Aaker von der Stanford-Universität hat bereits in den 1990er Jahren 15 Facetten der Markenpersönlichkeit ermittelt, die die Wahrnehmung von Marken im amerikanischen Kulturraum beschreiben. Sie definiert Markenpersönlichkeit als „the set of human characteristics associated with a brand" (Aaker 1997, S. 347).

Es gibt viele verschiedene Methoden und Systeme zur Bestimmung der Markenpersönlichkeit. Im deutschsprachigen Raum ist das Modell „Markenpersönlichkeit" von Ralf Mäder ausgesprochen beliebt. Mäder (2005) zufolge setzt sich die Markenpersönlichkeit aus den drei Dimensionen Verlässlichkeit, Attraktivität und Kreativität zusammen, die sich anhand von 23 Adjektiven beschreiben lassen (vgl. Mäder 2005, S. 115). Womit wir wieder in unserem Drei-Kräfte-Modell wären.

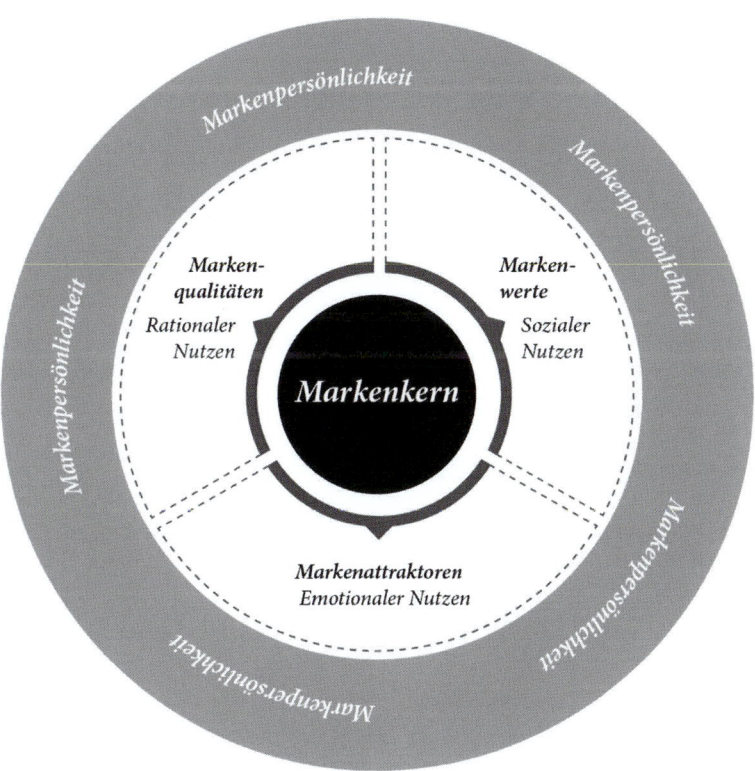

Abb. 4.2 Markenpersönlichkeit. (Quelle: stilbezirk)

Ein alternatives Modell zur Bestimmung der Markenpersönlichkeit ist die Limbic® Map (Abb. 4.3) von Hans-Georg Häusel (vgl. Gruppe Nymphenburg Consult AG o. J.). Sie setzt Erkenntnisse der Gehirnforschung auch wieder als Drei-Kräfte-Modell für das Marketing um. Sie geht von der Annahme aus, dass Menschen Entscheidungen vor allem aus emotionalen und meistens unbewussten Gründen treffen. Neben den grundlegenden Vitalbedürfnissen wie dem Verlangen nach Nahrung, Schlaf und Atmung gibt es bei Häusel drei Motiv- und Emotionssysteme, die das gesamte Leben der Menschen bestimmen. In der Limbic® Map werden diese zentralen Emotionssysteme in einen Zusammenhang gebracht. Dort lassen sich dann Kunden oder Zielgruppen bezüglich ihrer Präferenzen verorten.

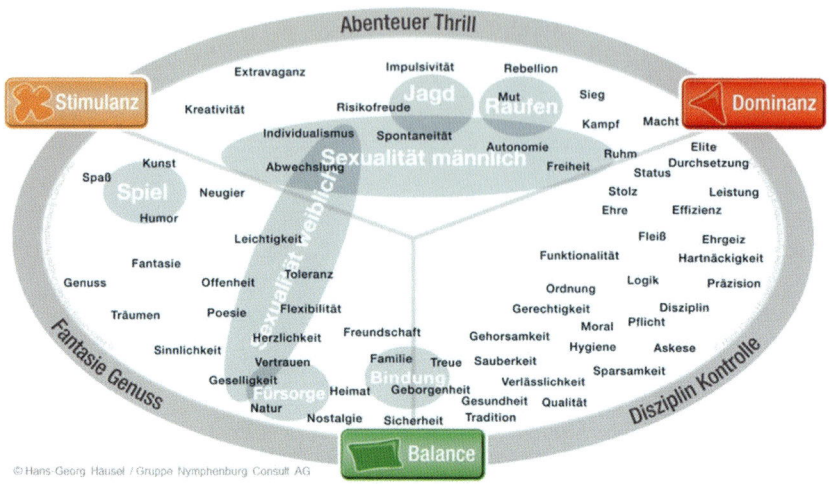

Abb. 4.3 Struktur der Emotionssysteme und Werte in der Limbic® Map. (Quelle: Hans-Georg Häusel/Gruppe Nymphenburg Consult AG)

Die McKinsey-Marketing-Practice in Hamburg hat ein Markenführungsinstrument entwickelt, das genau zeigen soll, welche Persönlichkeit zu welcher Marke passt – und umgekehrt. Mit dem Brand Personality Gameboard (BPG) sollen die emotionalen Attribute einer Marke gesteuert werden können. Als Allzweckwaffe für die Markenführung taugt es allerdings nicht. „Für Strategieempfehlungen", sagt der McKinsey-Berater Ansgar Hölscher, „brauchen Sie immer noch vor allem Analytik, Erfahrung und Fingerspitzengefühl" (Gillies 2002).

Es gibt noch Hunderte von Modellen und Systemen, die ähnlich arbeiten. Welches Modell Sie auch immer wählen, ob Drei-, Vier- oder Zwölf-Kräfte-Modell: Die Abgrenzung zur Konkurrenz muss letztendlich so erfolgen, dass sie für den Kunden klar erlebbar ist. Unternehmen neigen heute verstärkt dazu, den von ihnen kreierten Marken eine unverwechselbare Persönlichkeit zu verleihen, mit der sie die Bedürfnisse der Kunden erfüllen wollen.

Wir beschreiben in unserer Arbeit Markenprofile immer gerne bestehend aus Substantiv-Adjektiv-Kombinationen. Damit lassen sich Markenprofile/-persönlichkeiten genau definieren. So mag Mercedes den Begriff Sportlichkeit als kultiviert akzentuieren, Rolls Royce als luxuriös und Porsche als leistungsfördernd. Sie können es selbst einmal probieren. Bestimmen Sie im Team, im Workshop oder in Befragungen, welche Substantive mit welchen Adjektiven Ihrer Marke zugesprochen werden können.

Wählen Sie aus den möglichen Begriffen diejenigen aus, die zu Ihrer Marke wirklich passen und bedenken Sie dabei: Sie wollen nicht in der Beliebigkeit versinken! Einzigartig wird eine Marke nur über eine klare Abgrenzung. Also: Welche Markenpersönlichkeit wollen Sie haben? Tragen Sie die entsprechenden Substantiv-Adjektiv-Kombinationen in diese Liste ein. Sie können sich dabei an den Substantiven in Tab. 4.1 orientieren, die der Limbic® Map von Hans-Georg Häusel entnommen sind. Ergänzen Sie diese dann durch geeignete Adjektive.

Tab. 4.1 Auswahl passender Substantive – ergänzen Sie die Substantive durch geeignete Adjektive. (Quelle: Limbic® Map von Hans-Georg Häusel)

Extravaganz	Kreativität	Impulsivität	Rebellion
Revolution	Risikofreude	Mut	Sieg
Kampf	Macht	Ruhm	Freiheit
Autonomie	Spontaneität	Individualismus	Abwechslung
Jagd	Sexualität (männlich)	Kunst	Spaß
Humor	Neugier	Leichtigkeit	Toleranz
Offenheit	Fantasie	Genuss	Träumen
Poesie	Flexibilität	Freundschaft	Herzlichkeit
Sinnlichkeit	Vertrauen	Familie	Natur
Heimat	Nostalgie	Geborgenheit	Sicherheit
Geselligkeit	Spiel	Sexualität (weiblich)	Fürsorge
Bindung	Elite	Durchsetzung	Status
Leistung	Stolz	Effizienz	Ehre
Fleiß	Ehrgeiz	Funktionalität	Hartnäckigkeit
Disziplin	Pflicht	Moral	Gehorsamkeit
Hygiene	Askese	Sauberkeit	Sparsamkeit
Verlässlichkeit	Gesundheit	Tradition	Qualität

Unsere Markenpersönlichkeit

Substantiv-Adjektiv-Kombinationen:

_____

_____

_____

_____

_____

_____

_____

_____

_____

_____

_____

_____

_____

_____

_____

_____

Diese Substantiv-Adjektiv-Kombinationen sollten Sie in einem nächsten Schritt visualisieren. Wir arbeiten bei der Visualisierung sehr gerne mit dem Archetypen-Modell. Dieses Konzept geht auf den Schweizer Psychiater C. G. Jung zurück. Unter Archetypen versteht man psychische Strukturdominanten, die das Bewusstsein und das menschliche Verhalten beeinflussen. Die Archetypen wirken unter anderem in symbolischen Bildern. Zu diesen Urbildern zählen beispielsweise Symbole und Mythen. Wird ein Mensch mit einer archetypischen Marke konfrontiert, werden unbewusst Urbilder aktiviert. Die Verbindung zu der betreffenden Marke wird dadurch emotional aufgeladen und verstärkt. Archetypen eignen sich folglich sehr gut dafür, eine Marke zu etwas Besonderem zu machen (vgl. Ruf 2013):

- Der **Entdecker** repräsentiert Abenteuer, Neugier und Freiheit.
- Der **Bodenständige** bedient die Motive Stabilität, Treue und Sicherheit.
- Das **Kind** steht für Neugier, Liebe und Spaß.
- Der **Rebell** strebt nach Selbstverwirklichung, Unabhängigkeit und Rebellion.
- Der **Fürsorgende** und der **Liebende** repräsentieren Liebe, Geborgenheit und Treue.
- Wettkampf, Leistung und Erfolg sind die wesentlichen Attribute des **Kämpfers**.

- Die Motive Wissen, Selbstverwirklichung und Freiheit werden von dem **Schöpfer** repräsentiert.
- Der **Herrscher** sucht Macht, Kontrolle und Status.
- Der **Magier** bedient die Motive Wissen, Abenteuer, Neugier.
- Wissen, Wahrheit und Gerechtigkeit werden dem **Weisen** zugeordnet.
- Der **Narr** steht für Spaß, Geselligkeit und Neugier.

Ordnen Sie nun die für Ihre Marke zutreffenden Substantiv-Adjektiv-Kombinationen dem Archetypen-Modell zu, indem Sie überlegen, welcher Archetyp Ihnen am meisten entspricht.

Mein Archetyp

Tragen Sie hier ein, welchem Archetypen Sie entsprechen:

_____

_____

_____

_____

Sind Markenkern, Markennutzen und Markenpersönlichkeit definiert, geht es nun darum, die strategischen Leitlinien aufzustellen. Diese bestimmen die praktische Umsetzung Ihrer Marke. Ohne diese Vorarbeiten ist eine zielgerichtete Marketingarbeit nicht möglich.

Es gibt dabei zahlreiche Methoden, die den wesentlichen Kern für eine gute Strategie definieren: von der Engpasskonzentrierten Strategie (EKS©)[3] über das Business Model Canvas[4] bis hin zu den Businessplankriterien. Im Prinzip laufen alle Strategiemodelle auf dieselben Kernanforderungen an die Strategie hinaus. Werden diese nicht umgesetzt, dann wird auch die Markenstrategie ohne Fokus ins Leere laufen. Vision, Markenkern, Alleinstellungsmerkmal (Unique Selling Proposition – USP), Nutzen und Markenpersönlichkeit haben wir ja bereits entwickelt. Folgende Fragen gilt es nun noch zu beantworten, um den Strategiefokus vollends zu bestimmen:

---

[3] Die Engpasskonzentrierte Strategie wurde 1970 von dem Betriebswirtschaftler und Autor Wolfgang Mewes begründet.

[4] Das Business Model Canvas hilft Ihnen dabei, sich einen Überblick über die wichtigsten Schlüsselfaktoren Ihres Geschäftsmodells zu verschaffen. Es handelt sich um eine Methode, die Sie bei der Entwicklung und Überarbeitung innovativer und komplexer Geschäftsmodelle unterstützt. Die Idee stammt von dem Schweizer Unternehmer, Dozent und Autor Alexander Osterwalder.

Haben Sie die lukrativen Zielgruppen definiert?
Ihre Markenpersönlichkeit spricht ganz bestimmte Zielgruppen an. Haben Sie diese
identifiziert und beschrieben? Wie sieht Ihre theoretisch optimale Zielgruppe aus?
Welche Zielgruppen entsprechen Ihren fokussierten Stärken und Geschäftsfeldern?

Haben Sie das Leistungsprogramm definiert?
Ist das Leistungsangebot (Produkte, Service, Dienstleistungen etc.) klar definiert?
Sind alle Leistungsmöglichkeiten erfasst? Was soll angeboten werden? Ist das
Leistungsprogramm noch aktuell und attraktiv?

Haben Sie die Schlüsselaktivitäten definiert?
Bei den Schlüsselaktivitäten handelt es sich um einen Begriff des Business Model
Canvas. Um ein Produkt herzustellen oder eine Leistung zu erbringen, sind
bestimmte Tätigkeiten notwendig. Das sind die sogenannten Schlüsselaktivitäten. Stellen Sie sich dazu die Frage: Welches sind die wichtigsten Tätigkeiten, um
dieses Geschäftsmodell in die Tat umzusetzen?

Sind die Markenziele für die Planungsperiode definiert?
Die Markenziele sollten fordernd, herausfordernd, aber nicht unrealistisch sein.
Konkret geht es um die Frage: Wohin wollen Sie? Daraus wird dann mit Blick
auf die Wettbewerber abgeleitet, welche Positionierung Sie im Markt anstreben,
um ein kaufrelevantes und präferenzprägendes Image bei den Kunden aufzubauen.
    Wenn Sie alle Fragen beantwortet haben, sind die wesentlichen Strategie-
parameter bestimmt! Die Markenpositionierung und -ziele bilden das Herzstück der Markenstrategie. Sie erfassen die wesensprägenden und differenzie-
renden Merkmale der Marktbearbeitung. Erst wenn die Markenstrategie stimmt,
können die anderen Unternehmensprozesse sinnvoll daran ausgerichtet werden.
Der Markenfokus bestimmt, was an Komplexität weggelassen werden soll, was
wichtig und was nicht wichtig ist. Innerhalb des strategischen Rahmens können
Sie dann frei und zeitnah handeln. Kennen die Mitarbeiter und Partner die Weg-
richtung, können sie verstehen und helfen, das Ziel schneller und sicherer zu
erreichen.
    Unter den heutigen Marktbedingungen reicht es nicht, den Marketingmix wie
einen generischen Katalog seelenlos abzuarbeiten. Wer eine wirklich starke Mar-
kenposition erringen will, braucht den Mut zur disruptiven Differenzierung und
muss sich befreien von falsch verstandenen Zwängen des Markts und dem Bedürf-
nis, es allen recht zu machen. Die Antwort auf die Frage nach der richtigen strategischen Ausrichtung und Positionierung einer Marke kann man nur in Relation zu
ihrer bereits aufgebauten Reputation und zu den Stärken des Unternehmens sowie
des Wettbewerbs finden.

▶ **Unser Rat:** Entwickeln Sie ein ganz eigenes und differenzierendes Markenangebot.

Der Wettbewerb wird weltweit immer intensiver. Durch verbesserte Informationssysteme schmelzen Zeitvorsprünge in der Entwicklung und Markteinführung in Lichtgeschwindigkeit. Jeder ist über jeden und alles auf dem Laufenden, spätestens beim ersten Marktauftritt. Nachahmer stehen oft besser da, weil die „Nachahmerentwicklungszeiten" und „Nachahmerentwicklungsrisiken" deutlich kürzer und geringer sind. Die Themen Alleinstellungsmerkmal und Abgrenzung vom Wettbewerb werden daher immer wichtiger. Der daraus erzielbare Nutzen kann am besten am Beispiel der Blue-Ocean-Strategie verdeutlicht werden:

Das Modell der Blue-Ocean-Strategie wurde von den Wirtschaftswissenschaftlern W. Chan Kim und Renée Mauborgne entwickelt, zunächst unter dem Namen „Value Innovation". Das Konzept basiert auf dem Grundgedanken, dass Unternehmen nur dann dauerhaft erfolgreich sein können, wenn sie neue (innovative) Märkte erschließen. Gestützt wird das Konzept von langfristigen empirischen Studien zu über 100 erfolgreichen Unternehmen, die neue Teilmärkte erschlossen haben. Der Name „Blue-Ocean-Strategie" basiert auf folgendem Bild: In einem roten Ozean kämpfen viele Raubfische (die symbolisch für die Konkurrenten stehen) um die Beute (Kunden). In einem blauen Ozean gibt es dagegen keine blutigen Kämpfe (vgl. Kim und Mauborgne 2005).

Verfolgt ein Unternehmen eine Red-Ocean-Strategie, muss es versuchen, im Wettbewerb eines vorhandenen Markts die Konkurrenten zu schlagen und die bereits existierende Nachfrage geschickt zu nutzen. Dabei besteht ein direkter Zusammenhang zwischen Nutzen und Kosten. Deshalb muss das Unternehmen seine gesamten Aktivitäten darauf ausrichten, sich entweder von den Wettbewerbern zu differenzieren oder möglichst günstige Preise anzubieten.

Verfolgt ein Unternehmen dagegen eine Blue-Ocean-Strategie, erschließt es neue Märkte, um der Konkurrenz auszuweichen. Dadurch schafft es neue Nachfrage und hebelt den direkten Zusammenhang zwischen Kosten und Nutzen aus. Die unternehmerischen Aktivitäten sind daher wesentlich auf Differenzierung (und zugleich niedrige Kosten) ausgerichtet (vgl. Kim und Mauborgne 2005).

Die Ableitung von Markenstrategien kann gleichermaßen für Personenmarken, Produktmarken, Familienmarken und Unternehmensmarken wie auch für komplexe Markensysteme, d. h. Markenportfolios und Markenarchitekturen, erfolgen. Die Vorgehensweise ähnelt dabei grundsätzlich der oben beschriebenen.

▶ Ziele einer Markenstrategie sind die Profilierung von Marken und das Ausschöpfen vorhandener Potenziale durch das Ausloten von Wachstumsoptionen.

Auch Aktivitäten wie Employer Branding, Corporate Social Responsibilty, Risikomanagement und Social-Media-Nutzung müssen passend zu der Marken- und Unternehmensstrategie definiert werden. Einmal pro Jahr sind die eigene Strategie, die Position und Erkennbarkeit im Wettbewerb zu überprüfen, gegebenenfalls sind Veränderungen einzuleiten.

Umsetzungsziel/Prozessvorschlag
Mit der Markenstrategie verbinden wir die Steigerung des Marktwerts unserer Produkte/Dienstleistungen. Wir platzieren uns als Nutzenbringer und als der beste Problemlöser unserer Kunden. Ein einzigartiges Unternehmen und Geschäftsmodell sind wesentliche Voraussetzungen dafür, sich aus der grauen Masse und Uniformität hervorzuheben. Aber wir meinen damit nicht, einfach einzigartig zu sein – denn das sind wir alle –, sondern die Einzigartigkeit auch jeden Tag immer und immer wieder neu zu vermitteln und vorzugeben. Kunden, Mitarbeiter und Partner müssen sie spüren, schmecken und riechen können. Es ist also der innovative Charakter des Gesamtangebots gemeint.

Beispiel uvex: Überarbeitung der Kernstrategie

Die uvex group bietet mit über 2.400 Mitarbeitern weltweit – entsprechend ihrem Markenkern „protecting people" – innovative und hochwertige Produkte zum Schutz des Menschen in Sport, Freizeit und Beruf. 1926 gegründet, wird das Familienunternehmen heute in der dritten Generation geführt. Stammsitz der weltweit agierenden Firmengruppe, die 48 Tochterfirmen in 22 Ländern umfasst, ist Fürth in Nordbayern. Die UVEX WINTER HOLDING GmbH & Co KG vereinigt drei international tätige Gesellschaften unter einem Dach: die uvex safety group, die uvex sports group (uvex sports und Alpina) sowie die Filtral Group (Filtral und Primetta).

Ausgangsituation
uvex sports ist eine der zwei Marken der uvex sports group, die auf drei Geschäftsfelder ausgerichtet ist:

• Wintersport – Skibrillen, Skihelme, Sportbrillen, Protektoren
• Radsport – Fahrradhelme, Radbrillen
• Reitsport – Reithelme, Sportbrillen, Reithandschuhe

Auftrag
Seit 2009 begleitet der stilbezirk als Markenagentur uvex in den Bereichen Markenkommunikation, Markendesign, Implementierung und ganzheitliche

Markenführung. stilbezirk erhielt 2009 den Auftrag, die Marke uvex sports nach und nach zu verjüngen und „fit für die Zukunft zu machen".

Bestandsaufnahme
„*uvex ist die Skibrille*" – wer vor 1980 geboren wurde, kennt diesen Slogan noch aus der klassischen Radio- und TV-Werbung. In den 1990er Jahren hatte uvex auch seinen Erfolgshöhepunkt im Bereich der alpinen Wintersportwelt. Der Hauptumsatz wurde allerdings mit Arbeitsschutzprodukten gemacht. Dieser Bereich nutzte den Sport als Imagetreiber und Aufladung für die Marke. Als gemeinsame Klammer diente die Leitidee „protecting people". 24 Stunden, 7 Tage die Woche, 365 Tage im Jahr – Arbeit, Sport und Freizeit – von der Wiege bis zur Bahre: Schutz. Durch die Kooperation mit fast allen relevanten Skiverbänden sicherte sich die Marke in der – damals allmächtigen – TV-Welt eine fast schon monopolistische Präsenz. Viele Skifahrer, Rodler, Nordisch-Kombinierer oder Rennradfahrer trugen einen uvex-Helm oder eine Ski- und Sportbrille der Marke und wurden so auf dem Siegerpodest wahrgenommen.

Herausforderung
Mit der abnehmenden Relevanz von TV-Übertragungen und neuen agilen Formaten kamen auch andere Marken in den Fokus der Konsumenten. Vor allem beim jungen Publikum hatten die klassischen Rennevents im Fernsehen nur geringen bis gar keinen Stellenwert mehr. Das Interesse lag stattdessen bei den sogenannten Freesport-Events im Ski- und Mountainbike-Bereich wie den X-Games, Red Bull Ultra Natural, diversen Szeneevents und auch ganz abseits bei sogenannten Action-Sport-Filmprojekten. „Die waren schon alt, als ich noch jung war!" – das war eine der Aussagen, die bei einer Fokusgruppen-untersuchung getätigt wurden. Produkte, Marketing, Kommunikation und auch Vertrieb waren nicht mehr zeitgemäß. uvex, wie auch alle anderen Marken, sah sich einem radikal veränderten Medien- und Konsumverhalten gegenüber. Es galt nun, neben den klassischen Medien soziale und On-Demand-Medien zu bedienen und neben dem Fachhandel den E-Commerce zu integrieren. Problem erkannt – die Inhaber der Marke reagierten.

Lösungsweg
Im Folgenden skizzieren wir vereinfacht die Schritte, die bei uvex unternommen wurden, um dieser Entwicklung Rechnung zu tragen. uvex überprüfte und bearbeitete zunächst die folgenden Parameter:

- **Produkt:** Es gab zu diesem Zeitpunkt keine passenden Produkte für die „neuen" Zielgruppen aus der Freeski-, Dirt- und Mountainbike-Szene.

- **Glaubwürdigkeit:** In die Zielgruppe kann man sich nicht einfach einkaufen. Erfolgreich sind hier nur die Marken, die authentisch agieren, die Sprache der Zielgruppe sprechen und am Ende Teil der Zielgruppe, Teil des Tribes sind.[5] Tribes sind Meinungsmacher und sorgen für Vertrauen, Awareness und letztendlich einen Sog in der Zielgruppe. Um Mitglied des Tribes zu werden, muss man die Bedürfnisse des Tribes kennen und bedienen.

Zentraler initiativer Bestandteil der Markenverjüngung war die Entwicklung des Markensegments „Core Range". Dieser Bereich umfasst die Sportarten Freeski und Bike mit den Disziplinen MTB-Freeride, Downhill, Dirt und BMX. Als „Marketing-Speerspitze" positioniert und mit einem eigenständigen Corporate Design inszeniert, erschloss die „Core Range" neue Zielgruppen für die Dachmarke. Sie definierte ein für uvex neues Segment in Bezug auf Produktdesign, Kommunikation und Vertrieb. Parallel dazu erfolgte schrittweise die Anpassung und crossmediale Erweiterung der Markenkommunikation in den klassischen uvex-Sportsegmenten Wintersport, Radsport und Reitsport. Das Marketing wurde Schritt für Schritt digital. Die Kommunikation wurde vom Fokus auf B2B um die Konzentration auf B2 C erweitert. Die Website wurde komplett neu entwickelt und mit Social Media (YouTube, Facebook und Instagram) zum neuen Leitmedium.

Das Projekt wurde zusammen mit Athleten aus der Zielgruppe entwickelt. Aufgabe war es, die Bestandsmarke und deren Zielgruppe nicht zu verstören und im Erfolgsfall die gesamte Marke zu „verjüngen" bzw. den neuen Anforderungen anzupassen. Evolution statt Revolution. Der Markenkern „protecting people" musste erhalten bleiben.

Als konsequente Weiterentwicklung folgte 2012 die strategische Neupositionierung der uvex group. Diese übergeordnete Markenpositionierung begann mit der Markenleitbildentwicklung 2020.

Markenworkshops lieferten die Basis für Leitbild und Markenwerte. In umfangreichen Markenworkshops wurden Markenwerte überarbeitet und zum Teil neu definiert. Als Basis und Leitmotiv stand weiterhin der Marken-Claim „protecting people". Die Teilnehmer kamen aus allen Bereichen des Unternehmens (Forschung, Produktentwicklung, Produktion, Marketing, Vertrieb, Finanzen).

Die Begrifflichkeiten „Vorsprung", „Qualität" und „Begeisterung" wurden entwickelt und standen nun als Maßstab für alle zukünftigen Planungen, Aktivitäten und Evaluationen. An ihnen sollte jegliches Handeln gemessen werden.

---

[5] „Brand Tribalism" als Marketingkonzept und -strategie wurde 1984 von Mark Lovick erfunden, als er für McCann-Erickson Advertising an einem Coca-Cola-Projekt arbeitete.

Um die Markenwerte herum wurde ein Kosmos von Attributen und Übersetzungen entwickelt, um die zunächst generischen Begriffe entsprechend und nachvollziehbar aufzuladen.

Weiterhin wurde ein neues Corporate Design für die uvex group und alle Submarken sowie die jeweiligen Corporate Styleguides für Klassik, Online, Bewegtbild und Ton entwickelt. Außerdem wurde eine neue Bildsprache eingeführt und uvex als Arbeitgebermarke positioniert. Der neue uvex-Markenauftritt umfasste sämtliche klassischen und digitalen Medien. Die Implementierung war ein fortlaufender Prozess. Dabei standen vor allem die digitale Transformation und das Markentraining für die Mitarbeiter im Fokus.

4.3   Kommunikationsbasis

Markenkommunikation hat das Ziel, eine Marke in den
Köpfen der Kunden aufzubauen und das Image einer
Marke zu verbessern.
(Engelkenmeier 2012, S. *393)*

Bei Markenkommunikation handelt es sich um den Teil der Kommunikations-
politik, bei dem die Kommunikationsstrategie des Unternehmens festgelegt wird.
Damit wird ein Rahmen für Öffentlichkeitsarbeit (PR) mit ihren verschiedenen
Aspekten – zum Beispiel Storytelling, Agenda Setting, Social Media und Pressearbeit – geschaffen (vgl. Paul and Schade 2015).

Nachhaltige Markenkommunikation lässt ein Bild einer Marke im Bewusstsein
der Kunden erst entstehen und führt so zu einer Imageverbesserung. Zur Markenkommunikation gehören CI, CD, Storytelling und traditionelle Werbemittel wie
Visitenkarten, Flyer, Broschüren, aber auch der mittlerweile schon pflichtnot-
wendige Webauftritt. Sie stellen das Basishandwerkzeug dar. Wir haben Ihnen zu
diesem Faktor in Kap. 3 folgende Fragen gestellt:

- Hat das Unternehmen ein überzeugendes Marketingkonzept, das systematisch
  umgesetzt wird?
- Ist das äußere Erscheinungsbild (Corporate Design) klar definiert und in der
  Außendarstellung durchgängig eingehalten?

Diese Fragen sprechen die **Kommunikationsbasis** an. Markenkommunikation
sollte in Form von integrierter Kommunikation erfolgen. Das Konzept der integrierten Kommunikation zielt darauf ab, dass sich die einzelnen Kommunikationskanäle bei der Vermittlung der Marke nicht widersprechen, sondern die Marke
konsistent und widerspruchsfrei kommunizieren. Nur mithilfe einer Kommunikationsbasis kann eine Marke klar vermittelt und in den Köpfen der Zielgruppen
verankert werden.

Als Basis der Markenkommunikation ist zunächst Grundlagenarbeit zu leisten
Die CI-Darstellung ist als Kommunikationsinstrument das Differenzierungsmerkmal und der inspirierende Faktor sowohl nach innen als auch nach außen. Durchgängigkeit ist gleich Wiedererkennbarkeit und Zeichen äußerer wie innerer Professionalität. Als Kulturidee eines Unternehmens umfasst die CI Corporate Design,
Corporate Communication, Corporate Behaviour, Corporate Philosophy und Corporate Culture.

Ihre Corporate Identity muss zuerst nach innen transportiert und verinnerlicht sein, bevor Sie damit nach außen treten können. Jeder Ihrer Mitarbeiter ist ein Kommunikationsmedium Ihres Unternehmens, seine Identifikation mit der CI und dem Unternehmensleitbild ist ein wichtiger Garant und zugleich Multiplikator Ihres Images. Mangelhafte interne Kommunikation ist die riskanteste Fehlerquelle, sie führt schnell zu Verstimmung im Haus und in der Folge möglicherweise zu Imageschäden durch negative öffentliche Äußerungen der Mitarbeiter.

Die Corporate Identity muss in Wort, Bild und Tat ausdrücken, was Sie tun, wie Sie es tun und was Sie bieten. Als kulturstiftendes Instrument eines Unternehmens zeigt sich Ihre CI im einheitlichen Außenauftritt in Werbemaßnahmen oder in der Korrespondenz genauso wie in den Gepflogenheiten des Hauses im Arbeitsalltag. Wenn alle im Unternehmen diese Identität leben, sind Sie auch in der Lage, außerhalb zu signalisieren, dass Sie oder Ihr Unternehmen bereits über die Existenznöte hinaus sind, und sichern so Zukunftsfähigkeit.

Durch eine authentische, einheitliche CI wird das Unternehmen zu einer Persönlichkeit, deren Auftreten glaubhaft, sicher und nachhaltig alle Charakteristika darstellt und der Erinnerung der Öffentlichkeit zuführt. Mindestens einmal pro Jahr ist die CI in ihrer Einhaltung und Wirksamkeit zu überprüfen. Gegebenenfalls sind Verbesserungsmaßnahmen abzuleiten.

Überprüfen Sie Ihre CI, indem Sie sich mindestens einmal im Jahr folgende Fragen stellen

- Haben Sie ein ausformuliertes, unternehmensweit einheitliches und bekanntes Leitbild, eine Unternehmensphilosophie?
- Haben Sie ein einprägsames Logo und ist dieses in allen internen wie externen Medien präsent?
- Verfügen Sie über eine konkludente Farb- und Bilderwelt, die auch von allen Mitarbeitern sicher angewandt wird und von der Außenwelt immer mit Ihrem Unternehmen in Verbindung gebracht wird?
- Haben Sie eine unternehmenseigene Hausschrift vereinbart, die in jeder Korrespondenz verlässlich verwendet wird?
- Sind Stil und Begrifflichkeiten in Ihrer Korrespondenz einheitlich?
- Besteht ein unternehmensweit akzeptierter Common Sense über Kleidungs- und Handlungsstil?
- Pflegen Sie bewusst Umgangsformen im Haus und mit allen Partnern?

Wichtige weitere Stichwörter sind: Logodesign, Typo-Festlegung, CI-Entwicklung und CI-Integration, Designentwicklung, Multi-Channel-Adaptionsfähigkeit, Kampagnenbasis, Storytelling, Foto/Video, Text, Website-Programmierung und -Konzeption

Umsetzungsziel/Prozessvorschlag

In diesem Denkmuster sollten Sie sich bei der CI-Bestimmung befinden: Sie definieren die CI nicht nur als öffentliches Erscheinungsbild. Die CI findet sich auch in den Geschäftsmodellen und Prozessen wieder. Alle Prozesse und Einstellungen sollten Sie im Unternehmensleitbild verankern (PR, Öffentlichkeitsarbeit, Social Media, Werbung, Kundenbehandlung etc.). Die Identifikation findet sich sowohl in der optisch/akustischen Wahrnehmung als auch in den weichen Faktoren wie Regeln der Geschäftspolitik, Ethik, Toleranz, CSR usw. wieder. Die CI lebt im einheitlichen Außenauftritt, in Werbemaßnahmen, der Korrespondenz und den Gepflogenheiten des Hauses. So garantieren Sie einerseits einen eindeutigen Erkennungswert, andererseits kann damit die einzigartige Kundenzuwendung das Image als Bestleister positiv stimulieren.

Um diese Kriterien zuallererst im Inneren zu transportieren, sollten Sie klare Schulungsprozesse definieren, die alle Mitarbeiter durchlaufen müssen. Die Schulungsmaßnahmen trainieren die Multiplikatoren inhouse und für Markt um jedweden Imageschädigungen vorzubeugen. Sie demonstrieren und sichern damit die Zukunftsfähigkeit. Kulturübergreifende Märkte werden berücksichtigt, um auf die sozialen Verhaltensweisen fremdländischer Gesellschaften Rücksicht zu nehmen.

Zum Beispiel könnten Sie vereinbaren: Ein einheitliches Erscheinungsbild zu wahren und einheitliche Handlungen im Kundenkontakt sicherzustellen, um einen Wiedererkennungswert zu schaffen. Wir haben ein Leitbild entwickelt und führen Schulungen durch. Um die Zukunftsfähigkeit unseres Unternehmens zu sichern, durchlaufen wir eine interne Transformation.

Der Nachweis ist erbracht, aktuell und einsehbar.

Wenn Sie ein Corporate Design entwickeln, sollten Sie Folgendes festlegen

1. Das Logo

Zur Entwicklung eines Logos gehört mehr als die reine Gestaltung und die Festlegung von Farben und Typografie. Bestimmen Sie außerdem, wie, wo und wann das Logo in welcher minimalen Größe auf welchem Untergrund in welchem Verhältnis zu anderen Elementen dargestellt werden soll.

2. Den Claim/Slogan

Legen Sie fest, an welcher Position und in welchem Verhältnis zum Logo der Claim stehen sollte. Die Position darf dabei variieren, die Typografie dagegen nicht.

3. Die Typografie

Wählen Sie eine Schriftart, die zu Ihrer Marke passt, die aber gleichzeitig gut lesbar ist. Legen Sie fest: Welche Schriftgröße soll für Überschriften, Slogan, Bildunterschriften und andere Formate verwendet werden? Aber Vorsicht: Nicht jede Schrift, die auf dem Papier bis 60 pt gut aussieht, wirkt auch auf Plakaten.

4. Die Bilderwelt

Nicht weniger wichtig als die Wahl von Logo und Claim ist die Festlegung einer einheitlichen Bilderwelt. Definieren Sie beispielsweise, welche Bildausschnitte, Perspektiven, Farben und Motivtypen Ihr Corporate Design ausmachen sollen.

5. Die Farbgestaltung

Passend zu Logo und Bilderwelt sollten Sie eine Farbauswahl treffen. Welche Texte sollen in welcher Farbe dargestellt werden? In der Regel nimmt derjenige, der das Logo entwickelt, bereits eine erste Auswahl vor. Es werden dann auch sogenannte Störerfarben ausgesucht. Sie stechen aus der übrigen Farbgestaltung heraus und heben zum Beispiel Angebote heraus.

6. Die Druckmaterialien

Sparen Sie nicht an Druckmaterialien. Denn mit hochwertigen Imagebroschüren auf ausgefallenen Papiersorten vermitteln Sie bereits beim ersten Kundenkontakt ein Gefühl von Wertigkeit und Individualität. Gerade wenn Ihre Marke für Qualität steht, sind hochwertige Druckerzeugnisse ein geeignetes Marketingmittel.

7. Weitere Gestaltungselemente

Definieren Sie auch oft verwendete Gestaltungselemente wie Icons, Pfeile, Balken, Angebotsstörer etc., denn auch sie gehören zum Corporate Design. Halten Sie all diese Punkte in einem CD-Handbuch fest. Auch wenn das Handbuch verbindlich ist, sollten Sie das Corporate Design regelmäßig überprüfen, um mit dem Zeitgeist Schritt zu halten. Die Marke muss einerseits eine gewisse Beständigkeit aufweisen, andererseits sollte sie den Anschluss an die Zielgruppen nicht verpassen. Eine behutsame Modernisierung gehört auch zu einem gelungenen Corporate Design.

(vgl. Schmitz 2010)

4.4   Employer Branding

*Eine konsequent nachhaltige Unternehmensführung führt
zu einer innovativen, lebendigen und erfolgreichen Entwicklung der Organisation, der Marken- und Mitarbeiter-
führung, der Produkte und der Dienstleitungen.*
Antje von Dewitz (Geschäftsführerin, VAUDE)

Mitarbeiter werden knapp, vor allem hoch qualifizierte. Mitarbeiter leicht zu
gewinnen und lange zu binden ist für eine Unternehmensmarke überlebenswichtig.
Mitarbeiter sind zudem Markenbotschafter, immer und überall, speziell in Zeiten
der Social Media. Diesen Aspekt der Arbeitgebermarkenbildung nennt man Employer Branding.

▶   „Angesichts des zunehmenden Personal- und Fachkräftemangels sowie
        Talentwettbewerbs vieler Branchen und Unternehmen, dienen der
        Aufbau und die Pflege einer Arbeitgebermarke dazu, sich gegenüber
        Mitarbeitern und möglichen Bewerbern als attraktiver Arbeitgeber
        zu positionieren, um so einen Beitrag zur Mitarbeitergewinnung und
        -bindung [sic!] zu leisten" (Springer Gabler Wirtschaftslexikon 2017).

Wir haben Ihnen zu diesem Faktor in Kap. 3 folgende Fragen gestellt:

•   Werden Themen wie Personalentwicklung, Umweltschutz, Nachhaltigkeit,
    soziale Verantwortung sowie betriebliche Gesundheitsvorsorge aktiv umgesetzt
    und kommuniziert?
•   Berücksichtigen die Marketingaktivitäten auch den Auftritt der Marke als
    attraktiver, sicherer und langfristiger Arbeitgeber?

Employer Branding als Konzept kann die Personalrekrutierung erleichtern. Die
„unternehmensWert:Mensch"-Initiative des Bundesministeriums für Arbeit und
Soziales (BMAS)[6] führt vier Handlungsfelder für eine moderne Personalpolitik

---

[6] „unternehmensWert:Mensch" wird gespeist aus dem Expertenwissen der Initiative Neue
Qualität der Arbeit und steht im Kontext der Fachkräfte-Offensive der Bundesregierung.
Finanziert wird das Programm aus Mitteln des Europäischen Sozialfonds (ESF) und des
Bundesministeriums für Arbeit und Soziales (BMAS).

und damit letztendlich für die Basis einer authentischen Employer-Branding-Strategie auf:

1. **„Personalführung**: Eine moderne Personalführung berücksichtigt die individuellen Bedürfnisse der Beschäftigten, bindet diese aktiv in Entscheidungen ein und fördert sie unter Berücksichtigung der aktuellen Lebenssituation.
2. **Chancengleichheit & Diversity**: Unternehmen schöpfen neue Potenziale, wenn sie den Besonderheiten der eigenen Belegschaft gerecht werden und allen Beschäftigten Entwicklungschancen bieten – unabhängig von Alter, Geschlecht, familiärem oder kulturellem Hintergrund.
3. **Gesundheit**: Damit die Belegschaft und damit das Unternehmen auch in Zukunft leistungsfähig sind, braucht es geeignete Angebote zur Förderung der physischen und psychischen Gesundheit. Beschäftigte müssen für einen gesunden Arbeitsalltag sensibilisiert werden.
4. **Wissen & Kompetenz**: Wissen muss im Betrieb gehalten und innerbetrieblich weitergegeben werden. Der digitale Strukturwandel erfordert zudem neue Kompetenzen und Qualifikationen. Dafür müssen Beschäftigte gezielt weitergebildet und die Lernmotivation der Belegschaft gefördert werden."
(unternehmensWert:Mensch o. J.)

Employer-Marken haben eine Marketingwirkung
Es ist schwer, qualifizierte Fach- und Führungskräfte zu finden. Daher setzen einige Unternehmen darauf, sich als Arbeitgebermarke zu positionieren. Jobsuchende wählen in der Regel immer die bekannten Imagemarken bei der Wahl des Zielunternehmens aus. Diese können dann aus der Masse der Bewerber den Rahm abschöpfen. So wird die Effizienz der Personalrekrutierung wie auch die Qualität der Bewerber gesteigert. Wenn Unternehmen zudem mehr für ihre Mitarbeiter tun als der Wettbewerb, werden diese langfristig an das Unternehmen gebunden.

Doch das gute Image hat neben der leichteren Rekrutierung von Personal noch weitere positive Effekte. Zahlreiche Studien in Großbritannien und den USA haben ergeben, dass es signifikante Korrelationen zwischen einer guten Arbeitgebermarke und erhöhter Leistungsbereitschaft, stärkerer Identifikation mit dem Unternehmen und mehr organisationalem Engagement der Mitarbeiter gibt. Auch eine Senkung des Krankenstands und weniger Bürodiebstahl können auf eine gute Arbeitgebermarke zurückgeführt werden.

Es macht nicht nur Spaß, in diesen mitarbeiterorientierten Firmen zu arbeiten, die Mitarbeiter erhalten auch sonst viele Benefits. Dieser faszinierende Mix aus

Goodies und Freiheit trägt dazu bei, dass diese Marken aktiv von ihren Mitarbeitern weiterempfohlen werden.

Employer Branding hat viele Aspekte. Dazu gehören Work-Life-Themen, Arbeits- und Sozialbedingungen, der Umweltschutz, aber auch der Umgang mit den Engagement-Faktoren. Wenn diese Benefits in einem gesunden Mix geboten werden, wirkt das Unternehmen wie ein Magnet, zieht Menschen an und bindet diese, vor allem auch die High Potentials.

Beispiel: Arbeitsschutz- und betriebliches Gesundheitsmanagement als Teil des Employer Branding

Wir wollen uns einmal einen Teilbereich des Employer Branding herausnehmen und diesen untersuchen: das Thema Arbeitsschutz- und betriebliches Gesundheitsmanagement. Dieser Teilbereich beinhaltet diverse verbindliche, aber auch freiwillige Aspekte. Verbindliche Aspekte sind, wie es der Name sagt, eigentlich Pflicht. Dazu zählen beispielsweise Arbeitsschutzregelungen und Gefährdungsbeurteilungen. Trotzdem erleben wir in der Praxis, wie oft diese Basiskriterien vernachlässigt werden bzw. nicht einmal bekannt sind und sich Markenunternehmen trotzdem als sozialbewusste Marken präsentieren. Im Folgenden stellen wir Ihnen einige Fragen zu diesem Thema, verbunden mit dem Hinweis: Wenn Sie diese Punkte nicht umgesetzt haben, wird ein Employer Branding auf Dauer immer fehlschlagen!

1. Frage: Wird der Arbeitsschutz gewährleistet? Arbeitsschutz ist eine fundamental wichtige Errungenschaft. Er verfolgt das Ziel, durch ein sicherheitsgerechtes und gesundheitsbewusstes Zusammenwirken von Leitung und Mitarbeitern Arbeitsunfälle und Berufskrankheiten zu vermeiden. Arbeits- und Gesundheitsschutz dienen der Prävention. Sie dienen zur Aufrechterhaltung bzw. sogar zur Verbesserung der Gesundheit der Mitarbeiter und wirken somit indirekt auf die Leistungsfähigkeit und die Leistungsverbesserung.

Ein professionelles Arbeitsschutz- und Gesundheitsmanagement stellt Daten zur Wirksamkeit der Prävention zur Verfügung. Arbeitsschutz ist ein betriebliches Instrument, um die Versicherungsfähigkeit des Unternehmens zu gewährleisten. Zudem dient er dazu, von Förderungsprogrammen und Prämienkalkulationen von Versicherungen zu profitieren.

▶   Arbeits- und Gesundheitsschutz ist ein betrieblicher Wirtschaftsfaktor!

Jedes Unternehmen ist gesetzlich zur Einhaltung des Arbeitsschutzes verpflichtet. Der Arbeitsschutz kann heute getrost als wesentlicher Prozess eines Unternehmens angesehen werden. Arbeitsschutz ist als gesonderter und dokumentierter Prozess gefordert. Seit 1. Januar 2011 gelten neue Vorgaben für die betriebsärztliche und sicherheitstechnische Betreuung in den Betrieben. Die Unfallverhütungsvorschrift „Betriebsärzte und Fachkräfte für Arbeitssicherheit" (DGUV Vorschrift 2) hat die bisher gültige BGV A2 abgelöst. Die DGUV Vorschrift 2 beschreibt die von den Unternehmen in verschiedenen Größen und Branchen geforderten Arbeitsschutz-voraussetzungen. Sie ist kostenfrei als PDF-Dokument im Internet zu finden (vgl. DGUV o. J.). Bitte lesen Sie sich diese als Grundlage für Ihr Unternehmen einmal genau durch.

▶   Für die Umsetzung und Einhaltung des Arbeitsschutzes ist die Unter-
     nehmensleitung verantwortlich. Auch hier gilt: Arbeitsschutz ist eine
     HOLSCHULD – d. h. die Geschäftsleitung ist aufgefordert, die gesetz-
     lichen Anforderungen/Änderungen zu kennen, diese einzuhalten und
     zu überwachen!

2. Frage: Gibt es eine Gefährdungsbeurteilung? Basis einer Gefährdungsbe-urteilung sind Checklisten. Diese werden entweder von dem Arbeitsmediziner und von der Fachkraft für Arbeitssicherheit bearbeitet und zur Verfügung gestellt oder sie können themenorientiert von der Berufsgenossenschaft oder von den zuständi-gen Behörden angefordert werden. Über die Checklisten überprüft das Unterneh-men die Einhaltung der gesetzlich geforderten Maßnahmen.

3. Frage: Gibt es eine psychische Gefährdungsbeurteilung? Die Gefähr-dungsbeurteilung hat das Ziel, Unfällen und arbeitsbedingten Gesundheitsgefah-ren vorzubeugen. Dazu gehört auch die psychische Belastung bei der Arbeit. Die Gefährdungsbeurteilung psychischer Belastungen bei der Arbeit ist seit dem 25. September 2013 im Arbeitsschutzgesetz (ArbSchG) festgeschrieben. Sie ist damit Pflicht des Arbeitgebers. Zudem müssen jetzt auch Kleinbetriebe (bis maximal zehn Beschäftigte) das Ergebnis der Gefährdungsbeurteilung, die von Arbeitgeber festgelegten Maßnahmen des Arbeitsschutzes und das Ergebnis der Überprüfung dokumentieren. Sie waren zuvor von der Dokumentationspflicht ausgenommen. Wenn es erforderlich ist, müssen die Unternehmen geeignete Maßnahmen ent-wickeln, umsetzen und auf ihre Wirksamkeit überprüfen. Für ein betriebliches Gesundheitsmanagementsystem und die Personalführung sind die Ergebnisse der (psychischen) Gefährdungsbeurteilung als wahrer Schatz zu betrachten, da hierbei erforderliche Maßnahmen für betriebliches Gesundheitsmanagement (BGM) und betriebliche Gesundheitsförderung (BGF) offenbar werden. In der Regel lassen sich nicht alle Belastungen ad hoc beseitigen, daher ist eine Priorisierung sinnvoll, in welchen Schritten (inhaltlich wie zeitlich) welche BGM-/BGF-Maßnahmen mit welchem konkreten Ziel ein- und durchgeführt werden. Werden diese Basisanforderungen nicht erfüllt, spricht dies für

- schlechtes Management,
- geringe Wertschätzung der Mitarbeiter und
- hohe Haftungsrisiken.

Selbsttest
Sie können leicht testen,[7] ob Ihr Unternehmen die Anforderungen an den Arbeitsschutz (Thema psychische Gefährdung) erfüllt. Bewerten Sie die Situation in Ihrem Unternehmen, indem Sie den Fragen die Werte 1 – 10 zuordnen. Der Wert 10 steht für ein klares Ja, der Wert 1 für ein klares Nein. Zunächst stehen die Aufgaben der Mitarbeiter im Fokus. In Tab. 4.2 finden Sie die Fragen zur psychischen Gefährdung.

Bewerten Sie dann die Arbeitsorganisation in Ihrem Unternehmen (Tab. 4.3). Der Wert 10 steht für ein klares Ja, der Wert 1 für ein klares Nein.

Testen Sie abschließend die sozialen Bedingungen in Ihrem Unternehmen (Tab. 4.4). Der Wert 10 steht für ein klares Ja, der Wert 1 für ein klares Nein.

Über die Auswertung der Fragebögen erkennen Sie schnell den eventuellen Bedarf. Werden die Kriterien gut erfüllt, werden Sie als Employer wohlwollend betrachtet und wahrscheinlich auch bewertet.

So viel zur Pflicht. Nun die Kür: Schlechte Arbeitgeber beschweren sich über die Auflagen wie die zur Vermeidung psychischer Gefährdung. Toparbeitgeber sehen sie als Ansporn und Potenzial. Sie zeigen zudem außergewöhnliche Maßnahmen und setzen diese aktiv in Szene.

Damit die Belegschaft und damit das Unternehmen auch in Zukunft leistungsfähig sind, braucht es weiter geeignete Angebote zur Förderung der physischen und psychischen Gesundheit. Beschäftigte müssen für einen gesunden Arbeitsalltag sensibilisiert werden. Zur Förderung der Gesundheit der Mitarbeiter bieten sich sogenannte betriebliche Gesundheitsmanagementsysteme – kurz: BGM-Systeme – an. Auch dies ist eine Maßnahme des Employer Branding.

---

[7] Der Selbsttest basiert auf dem Leitfaden zum Screening Gesundes Arbeiten der Initiative Neue Qualität der Arbeit. Diese besteht aus Vertretern des Bundes, der Länder, der Arbeitgeberverbände und Kammern, der Gewerkschaften, der Bundesagentur für Arbeit sowie von Unternehmen, Sozialversicherungsträgern und Stiftungen (vgl. INQA o. J.).

Tab. 4.2 Selbsttest: Aufgabengebiet. (Quelle: Leitfaden zum Screening Gesundes Arbeiten der Initiative Neue Qualität der Arbeit, vgl. INQA o. J.)

Bereich	Frage	Bewertung 1 = klares Nein 10 = klares Ja
Aufgabenvielfalt und -abwechslung	Erlaubt die Tätigkeit, dass mindestens zwei verschiedenartige Teiltätigkeiten mit unterschiedlichen Anforderungen ausgeführt werden können?	
Arbeitsintensität	Erlaubt die Arbeitsaufgabe, dass die geforderte Qualität termingerecht geleistet werden kann?	
Ganzheitlichkeit der Tätigkeit	Erlaubt die Arbeitsaufgabe, dass neben der reinen Ausführung der Arbeit zusätzlich wenigstens die Aufgabe vorbereitet, die Aufgabe koordiniert oder das Ergebnis geprüft werden kann?	
Wiederholungen	Liegen zwischen sich wiederholenden Teilhandlungen der Arbeitsaufgabe größere Zeitabstände (mindestens 15 Minuten)?	
Tätigkeitsspielräume	Erlaubt die Arbeitsaufgabe, dass wenigstens die Reihenfolge der Teiltätigkeiten oder die Planung von Teiltätigkeiten selbst festgelegt werden kann?	
Widerspruchsfreiheit	Sind die Anforderungen an die Tätigkeit in sich widerspruchsfrei?	
Rückmeldung	Erfolgt mindestens einmal täglich eine Rückmeldung über die Quantität und Qualität der geleisteten Arbeit, sodass ggf. eine Korrektur von Fehlern möglich ist?	
Information	Stehen die für die Arbeit erforderlichen Informationen rechtzeitig und vollständig zur Verfügung?	
Kundenkontakt	Ist die Arbeit so gestaltet, dass der direkte Kontakt zum Kunden mehr als 75 Prozent der Arbeitszeit ausmacht?	

Sofortmaßnahmen/Vermerk:

Tab. 4.3 Selbsttest: Arbeitsorganisation. (Quelle: Leitfaden zum Screening Gesundes Arbeiten der Initiative Neue Qualität der Arbeit, vgl. INQA o. J.)

Bereich	Frage	Bewertung 1 = klares Nein 10 = klares Ja
Arbeitsablauf	Sind vor der Arbeitsaufnahme folgende Fragen eindeutig geklärt?: Wer arbeitet mit wem? Was genau ist zu tun? Ist der Arbeitsplatz rechtzeitig vorher bekannt? Mit welchen Arbeitsmitteln wird gearbeitet? Wurde die genaue Terminplanung bekannt gegeben? Wer übernimmt die Führung bzw. wer ist bei Unklarheiten und Störungen verantwortlich? Was genau ist bei Unklarheiten zu tun? Wurde überprüft, ob alle Beteiligten den Arbeitsauftrag bzw. die Arbeitsanweisung verstanden haben?	
Verantwortung	Dürfen die Arbeitsaufgaben betreffende Entscheidungen selbstständig getroffen werden?	
Kooperation	Kann innerhalb der Arbeitsorganisation kooperiert werden (Team, Abteilung etc.), um die Arbeit mindestens zeitlich oder inhaltlich abstimmen zu können?	
Stabilität der Kooperation	Sind die internen und/oder externen Kooperationsbeziehungen stabil, d. h., kann jeweils mindestens sechs Monate mit festen Ansprechpersonen zusammengearbeitet werden?	
Partizipation	Können bei den Planungen zur Arbeitsgestaltung im eigenen Arbeitsbereich vorbereitete Lösungsvorschläge ausgewählt werden?	
Kurzpausen	Existiert eine betriebliche Vereinbarung zu Kurzpausen (z. B. fünf Minuten pro Stunde)?	

Sofortmaßnahmen/Vermerk:

Tab. 4.4 Selbsttest: soziale Bedingungen. (Quelle: Leitfaden zum Screening Gesundes Arbeiten der Initiative Neue Qualität der Arbeit, vgl. INQA o. J.)

Bereich	Frage	Bewertung 1 = klares Nein 10 = klares Ja
Soziale Unterstützung	Besteht die Möglichkeit, bei auftretenden arbeitsbedingten Problemen von anderen Personen unterstützt zu werden?	
Führungsstil	Ist der Führungsstil so gestaltet, dass die Beschäftigten gemeinsam mit Unterstützung von Vorgesetzten ihre Ziele erreichen können?	
Anerkennung	Existieren im Unternehmen regelmäßige Formen eines Belohnungssystems für überdurchschnittliche Leistungen?	
Sofortmaßnahmen/Vermerk:		

▶   Sie stehen im Wettbewerb! „War for Talents" ist angesagt. Tun Sie etwas!

Betriebliches Gesundheitsmanagement, Nachhaltigkeitsthemen und Umweltschutz müssen nicht langweilig sein. Eine Arbeitgebermarke braucht Zeit, um aufgebaut zu werden. Beginnen Sie am besten sofort damit, denn die großen Unternehmen haben schon längst damit angefangen, aber auch kleine und mittlere Unternehmen haben die Dringlichkeit schon erkannt.

Die Herausforderung für Unternehmen besteht darin, im Rahmen der integrierten Markenkommunikation ein einheitliches Image sowohl an (potenzielle) Mitarbeiter als auch an (potenzielle) Kunden und andere Stakeholder zu kommunizieren. Dies funktioniert aber nur dann authentisch, wenn die Basis stimmt.

Umsetzungsziel/Prozessvorschlag
Sie könnten in Ihrem Unternehmen z. B. folgenden Prozess einführen und künftig über Ihr Unternehmen sagen können: In unserer Unternehmenskultur haben wir die Wege zur Attraktivität und ihren weiteren Ausbau für unsere Mitarbeiter und Partner klar geregelt. Hier kommen unsere Compliance-Regeln zum Tragen. Betriebliches Gesundheitsmanagement, Präventionsmaßnahmen, Maßnahmen zur

Vereinbarkeit von Familie und Beruf, Einhaltung sozialer Standards sowie Arbeits- und Umweltschutz stehen zudem für die grundsätzlichen Unternehmenswerte.

Wir pflegen Lob, Anerkennung, Wertschätzung und „Arroganzfreiheit" als Teil unserer Führungs- und Leistungskultur. Die Verantwortlichkeit hierfür liegt bei der Personalentwicklung und dem Marketing.

Zum Beispiel haben wir vereinbart: Proaktive und verantwortungsbewusste Mitarbeiterbindung, Verankerung der Führungsgrundsätze in den Unternehmenswerten und in der Unternehmenskultur, Leistungsfähigkeit, Produktivitätseinflüsse, Führungspräambel, leistungsgerechte Entlohnung, Konzepte für familienfreundliche Arbeitsorganisation, Gesundheitsprävention, Wissensmanagement, Konzepte, um dem demografischen Wandel zu begegnen, Präsenz in Schulen und Hochschulen und auf Social-Media-Plattformen, soziales Engagement/Sponsoring in der Region, Kooperation oder gemeinsame Veranstaltungen mit Berufsschulen, Hochschulen, Kammern oder Innungen, Personalmanagement-Messen, attraktives Kundenimage. Der Nachweis ist erbracht, aktuell und einsehbar.

Anwendung in der Praxis
Lassen Sie uns einen Blick in die Praxis werfen. Was machen Unternehmen, um als Arbeitgebermarke zu wirken? Lassen wir mal die großen Marken weg und nehmen mittelständische Leuchttürme, die mit Herzblut und Hingebung in diesem Sinne wirken.

Beispiel VAUDE

Der Outdoor-Ausrüster VAUDE[8] legt großen Wert auf Nachhaltigkeit. Deshalb hat das nach EMAS ökozertifizierte Unternehmen seine Werte ganzheitlich in allen Bereichen verankert. Ziel ist es, ein durch und durch nachhaltiges Unternehmen zu werden. Dazu gehören die Klimaneutralität oder eine gute Work-Life-Balance am Standort Tettnang genauso wie das Engagement, in der gesamten globalen Wertschöpfungskette hohe ökologische und soziale Standards zu etablieren. VAUDE legt sein Engagement regelmäßig im Nachhaltigkeitsbericht offen (vgl. VAUDE o.J.).

Dass diese Strategie langfristig sinnvoll ist, bestätigen auch die Auszeichnungen, die das Unternehmen erhalten hat: unter anderem der „Green-Controlling-Preis 2015" der Péter Horváth-Stiftung, der „361°Family Award 2017" der

---

[8] VAUDE ist ein deutscher Produzent von Bergsportausrüstung mit Stammsitz im baden-württembergischen Tettnang-Obereisenbach. Das Unternehmen wurde 1974 von Albrecht von Dewitz gegründet und heute von Antje von Dewitz als CEO geführt.

Initiative „A.T. Kearney 361°" und der „Preis für Unternehmensethik" des Deutschen Netzwerks Wirtschaftsethik (DNWE) 2016.

2015 wurde das Unternehmen beim renommierten Deutschen Nachhaltigkeitspreis auch als „Deutschlands nachhaltigste Marke" ausgezeichnet.

Work-Life-Balance

Als Arbeitgeber unterstützt VAUDE seine Mitarbeiter bei der Vereinbarung von Beruf und Familie bzw. Privatleben. So bietet das Unternehmen einen betriebseigenen Kindergarten, flexible Arbeitszeitmodelle, Teilzeitangebote, Home-Office- und Job-Sharing-Möglichkeiten. All dies trägt dazu bei, dass sich Frauen trotz Familie und Teilzeitstelle beruflich entfalten und Karriere machen können: Fast 40 Prozent der Führungskräfte bei VAUDE sind weiblich.

Vertrauenskultur

VAUDE hat eine Vertrauenskultur aufgebaut, die auf einem positiven Menschenbild beruht. D. h., das Unternehmen vertraut den Mitarbeitern und unterstützt, fördert und fordert sie individuell, damit sie ihre Leistung und ihre Fähigkeiten bestmöglich entfalten können. Über alle Hierarchien hinweg herrscht ein Umgang auf Augenhöhe, der Mitarbeiter dazu ermutigt, ihre Meinung einzubringen und am betrieblichen Geschehen teilzuhaben. Voraussetzung für diese Kultur sind Mitarbeiter mit hoher Selbstbestimmung und Selbstwirksamkeit. Daher bietet VAUDE für alle Mitarbeiter ganztägige Workshops zu diesen Themen.

Gesundheitsmanagement

VAUDE geht auch neue Wege im Bereich der Gesundheitsförderung. 2014 hat VAUDE ein betriebliches Gesundheitsmanagement (BGM) aufgebaut, das ein vielfältiges Sportangebot für alle Bedürfnisse bietet, ebenso Vorträge und Workshops für ein besseres Verständnis der eigenen Gesundheit. Die betriebseigene Bio-Kantine versorgt die Mitarbeiter mit gesundem Essen und fördert das Miteinander.

Ein standardisiertes Berichtswesen, welches auf quantitativen und qualitativen Kennzahlen beruht, soll aufgebaut werden, damit die Interventionen des BGM gezielt gesteuert werden können. Im Jahr 2015 wurden folgende Maßnahmen umgesetzt:

1. Sensibilisierung und sechswöchiges Sportangebot für alle Führungskräfte
2. Stress-Vorsorgeuntersuchung (Herzratenvariabilität)
3. Gesundheits-Vorsorgeuntersuchung mit Ernährungstipps

4. Ausbildung von 14 VAUDE-Gesundheitscoaches: Diese erstellten ein Sport-
   programm, welches ca. 8–10 Veranstaltungen in der Woche umfasst und
   allen Mitarbeitern offensteht.
5. Es gab mehrere Vorträge zu gesunder Ernährung und selbstgesteuerter
   Gesundheitsorientierung.
6. Koordinierung, Steuerung und Evaluation aller Maßnahmen durch einen
   Gesundheitszirkel, welcher aus Mitarbeitern und Führungskräften mehrere
   Bereiche von VAUDE besteht
7. Zusammenführung und abgestimmte Steuerung von BGM und
   Arbeitssicherheit
8. Einführung einer unternehmenseigenen Bio-Kantine
9. Einführung eines Kletterareals
10. Im Sportraum gibt es über 400 BGM-Sportangebote im Jahr. Der Raum steht
    auch für selbst organisierte sportliche Aktivitäten der Mitarbeiter bereit.
11. Alle PC-Arbeitsplätze wurden im Zuge des Umbaus durch höhenverstell-
    bare Tische und ergonomische Stühle nach ergonomischen Gesichtspunkten
    gestaltet.

Wer so authentisch wie VAUDE agiert, gibt der eigenen Marke eine gesunde Basis.
Warum ist das so wichtig?

Weil die sozialen Medien heutzutage in kürzester Zeit Markenlügen entlarven
und dauerhaft abstrafen. Neben den unzähligen Blogs und den Facebook-Kom-
mentaren hat sich in den letzten zwei Jahren eine weitere Plattform für den DACH-
Markt im Internet gebildet, die authentisches Employer Branding zu einem echten
Thema für jeden Markenverantwortlichen macht:

Die Arbeitgeberplattform heißt kununu.[9] Die Hamburger XING AG, Betreiber
des sozialen Netzwerks für berufliche Kontakte im deutschsprachigen Raum, hat
mit wirtschaftlicher Wirkung zum 01. Januar 2013 die österreichische kununu
GmbH erworben. Damit begann der Siegeszug dieses Portals. Auf kununu
dürfen Azubis, Bewerber, Mitarbeiter und Gekündigte nach Herzenslust Unternehmen und Organisationen als Arbeitgeber bewerten. Und sie tun das wirklich.
Manche Firmen haben dort mehr als 1,5 Mio. Besucher und in der Google-Suche

---

[9] „Kununu ist ein Arbeitgeberbewertungsportal, welches mit der Business-Plattform Xing
zusammengeschlossen ist. Arbeitnehmer können in Deutschland, Österreich und der Schweiz
die Arbeitsverhältnisse in ihren Unternehmen anonym und seriös bewerten. Die Bewertungs-
skala beginnt bei eins (schlecht) und endet mit einer fünf für eine sehr gute Bewertung. Die
Idee stammt von den beiden Brüdern Mark und Martin Poreda" (Employer Branding now o. J.).

erscheint kununu beim Eintippen eines Firmennamens meist innerhalb der ersten fünf Vorschläge. Schlechte Einträge werden so für jeden –also auch für Kunden, Mitarbeiter, Partner und Bewerber – wie auf einem Präsentierteller sichtbar.

▶ **Unser Fazit:** Echtes Brand Building ohne Employer Branding wird schnell zum Rohrkrepierer.

4.5 Innere Markenarbeit

Die Markenarbeit muss durch die tagtägliche persönliche Mitwirkung aller gelebt werden. „Schließlich sind es die ‚Köpfe hinter der Marke', die im täglichen Kontakt zu Geschäftspartnern, Kunden und Eigentümern entscheidende Weichenstellungen der Markenführung vornehmen." (Fischer 2017, S. 57).

Viele Unternehmenslenker und Mitarbeiter verbinden die Marke nur mit externer Kommunikation, Werbung und Logo. Für die erfolgreiche Umsetzung einer Marke ist es aber unerlässlich, zunächst einmal das richtige Bewusstsein zu schaffen. Jeder einzelne Mitarbeiter, jede Führungskraft muss verstehen, welche Rolle und Verantwortung ihr im Markenprozess zukommen. Dies gilt besonders überall dort, wo Mitarbeiter direkten Kontakt zum Kunden haben – also auch in der Buchhaltung und der Werkstatt! Wir haben Ihnen zu diesem Faktor in Kap. 3 folgende Fragen gestellt:

- Sind die konkreten Markenziele eindeutig definiert und werden sie auf verständliche Weise kommuniziert?
- Nutzt das Unternehmen effektive Methoden oder Systeme zur Erweiterung der Markenkultur?
- Ist die Markenstrategie darauf ausgerichtet, am Markt und unter den Mitarbeitern die Einzigartigkeit und Besonderheit der Marke in hohem Maße zu vermitteln?

Mitarbeiter und Partner müssen wissen, was von ihnen in der Markenarbeit erwartet und abverlangt wird, damit sie entsprechend handeln können. Alle Mitarbeiter müssen lernen, sich als Markenbotschafter zu sehen, denn sie bestimmen durch ihr Verhalten die Wahrnehmung der Marke durch den Kunden – immer und überall.

Aber wie kann das gehen? „Auf jeder Unternehmensebene sollten die Mitarbeiter drei Phasen durchschreiten. In der ersten Phase ‚lernen' die Mitarbeiter, was sich hinter der Markenvision verbirgt und worin sich diese von anderen Marken unterscheidet. In der zweiten Phase gilt es, einen ‚Glauben' an die Idee, das

Versprechen und den Erfolg der Marke und der Markenvision zu entwickeln. In der dritten Phase gilt es, die Markenvision mit ‚Leben' zu füllen und ein Verfechter der Vision nach innen und außen zu werden" (Aaker et al. 2015, S. 125). Damit die Mitarbeiter als Markenbotschafter agieren können, müssen einige Punkte zwingend gegeben sein:

1. Einhaltung der Gallup-Engagement-Faktoren
Das US-amerikanische Marktforschungsunternehmen Gallup hat die für engagierte Mitarbeiter wichtigen Basisfaktoren in Form von zwölf Fragen, den sogenannten Q12® erarbeitet (vgl. Gallup o. J.). Wenn diese im Unternehmen erlebt werden, entsteht Engagement und damit die Basis für wahre Markenbotschafter.

In der Praxis vernachlässigen Führungskräfte jedoch oft die „weichen Faktoren", die eine Kultur des Vertrauens und der Transparenz schaffen. Dabei sind genau diese Werte wichtig, damit sich Mitarbeiter mit dem Unternehmen identifizieren und sich am Arbeitsplatz einbringen.

Wie würden Ihre Mitarbeiter diese Aussagen bewerten?

1. Ich weiß, was an meinem Arbeitsplatz von mir erwartet wird.
2. Ich verfüge über die nötigen Materialien und Arbeitsbedingungen, um meine Arbeit gut und richtig auszuführen.
3. Ich habe bei der Arbeit *jeden Tag* die Gelegenheit, das zu tun, was ich am besten kann.
4. Ich habe *in den letzten sieben Tagen* für gute Arbeit Anerkennung oder Lob erhalten.
5. Mein Vorgesetzter/meine Vorgesetzte oder jemand anders bei der Arbeit interessiert und schätzt mich als Mensch.
6. Bei der Arbeit gibt es jemanden, der mich in meiner Entwicklung fördert.
7. In meinem Arbeitsumfeld hat meine Meinung Gewicht.
8. Das Ziel und die Unternehmensphilosophie unserer Firma geben mir das Gefühl, dass meine Arbeit wichtig ist.
9. Meine Kollegen/Kolleginnen fühlen sich verpflichtet und verantwortlich, Qualität in ihrer Arbeit abzuliefern.
10. Ich habe einen guten Freund/eine gute Freundin in meiner Firma.
11. In den letzten sechs Monaten hat jemand in meinem Unternehmen mit mir über meine Fortschritte gesprochen.
12. Ich hatte im letzten Jahr in meinem Unternehmen die Gelegenheit dazuzulernen und mich weiterzuentwickeln.

Eine hohe Zustimmung bei diesen Punkten so fanden die Gallup-Forscher heraus, gibt darüber hinaus zuverlässig Auskunft, ob qualifizierte Mitarbeiter ihren Arbeitsplatz als attraktiv einschätzen und deswegen ihre Zukunft im Unternehmen sehen.

2. Ehrlichkeit beim Markenversprechen
Beim Markenversprechen darf nicht geschwindelt werden. Die Mitarbeiter müssen sich mit den Markenwerten, -nutzen und -attraktoren identifizieren können. Dank der Publikationen von Heike Bruch[10] (vgl. Bruch und Vogel 2009) und Steve de Shazer[11] (vgl. z. B. De Shazer 2015) wissen wir um die Kraft von positiv besetzten Zukunftsimpulsen und der damit einhergehenden generell erhöhten Umsetzungsenergie. Dies sollte bei der Einführung der (neuen) Markenstrategie berücksichtigt werden.

Die mit der Markenstrategie verbundenen Ziele sollten erreichbar bzw. machbar sein. In die Umsetzungsmaßnahmen sollten die Mitarbeiter aktiv eingebunden werden. Ihnen sollte dabei Freiraum gegeben werden, um die „neue" Sache zu der ihren zu machen.

3. Förderung der Identifikation mit dem Unternehmen
Zur Förderung der Identifikation der Mitarbeiter mit der Marke, dem Brand Commitment, dem Markenbuch und Markenzielen sind interne Schulungen und Events sinnvoll. SportScheck beispielsweise vermittelt den Azubis „das orangefarbene Blut", STILL – ein Anbieter von Intralogistiksystemen – veranstaltet für neue Mitarbeiter Willkommenstage, der Caterer Lehrieder führt das neue Markenverständnis bei einem Ski-Event in den österreichischen Bergen ein.

4. Gut abgestimmte Kommunikationssysteme
Markenbestleister verfügen über effektive interne Kommunikationssysteme. Aber auch hochmodernes Intranet hilft nicht, wenn es nicht mit den richtigen Informationen gefüttert wird. Oft weiß die eine Hand nicht, was die andere tut. Aussage steht gegen Aussage. Wie soll da ein klares Bild beim Kunden und den Netzwerkpartnern entstehen? Markenkommunikation heißt Zusammenspiel von Information, Mitteilen und Verstehen. Fehlt nur eines davon, bricht die Kommunikation zusammen. Erst wenn der Adressat die Botschaft versteht, findet optimale

---

[10] Dr. Heike Bruch ist Professorin für Betriebswirtschaftslehre an der Universität St. Gallen. Ihr Schwerpunkt liegt auf Leadership. 2015 wurde Heike Bruch zum wiederholten Mal als eine der führenden Wissenschaftler des Personalmanagements im deutschsprachigen Raum ausgezeichnet.

[11] Steve de Shazer (1940 – 2005) war ein amerikanischer Psychotherapeut und Autor.

Kommunikation statt. Für die Markenqualität ist es wichtig, dass über geeignete Medien wie Mitarbeiterzeitung, schwarzes Brett, Versammlungen, Workshops, Fortbildung und persönliche Anschreiben eine aktuelle, permanente und transparente Informationspolitik in Sachen Marke stattfindet.

▶ **Fragen Sie sich regelmäßig:**

Ist Ihr Kommunikationsmix

- strukturiert und klar?
- begeisternd und zielorientiert?
- sinnstiftend und authentisch?

Oft werden Markenmaßnahmen begonnen, aber nicht durchgehalten. An guter Markenarbeit beteiligen sich alle - auch die Führungskräfte. Gute Kommunikationsprozesse unterliegen einem Wandel, aber auch einer Alterung. Insofern müssen sie immer wieder angepasst werden.

Umsetzungsziel/Prozessvorschlag

Sie sollten daher einen internen Kommunikationsprozess einführen und sagen können: Wir haben einen Prozess aufgesetzt, wie Markenentscheidungen in Zukunft getroffen, unter Einbeziehung aller Ressorts und in einem Managementsystem etabliert und dokumentiert werden. Dabei geht es primär um Mitteilen und Verstehen sowie um transparente Information. Parallel dazu werden Gap-Analysen erstellt, um Organisation und Kommunikationsprozesse intern sowie mit den Netzwerkpartnern permanent zu optimieren. Die Kommunikation ist auf die Mitarbeitertypologie abgestimmt. Die richtige Information an die richtige Person bzw. den richtigen Ort verständlich zu überbringen, ist der Kern unserer internen Zukunftsprojekte. Informationen müssen begeisternd, zielorientiert, sinnstiftend und authentisch eingebracht werden. Dabei legen wir besonderes Augenmerk auf die technische Infrastruktur der Kommunikationssysteme und deren Ausstattung mit entsprechenden Endgeräten. Wir konzentrieren uns dabei auf den Informations-Input, die Veredelung/Anreicherung von Informationen sowie den Informations-Output mit allen relevanten, prozessbezogenen Informationen. Wir nutzen Tools, um den permanenten Herausforderungen in der Markenkommunikation, der Kundenkommunikation sowie der klaren internen Informationskanäle und -inhalte in besonderem Maße gerecht zu werden.

Wir nutzen eine offene Informationspolitik, ein transparentes Organisationssystem, Entscheidungsspielräume, klare Festlegung von Verantwortlichkeiten, Transparenz, verschiedene Informationsmedien (Text, Bild, Sprache, Video, Print), eindeutig geregelte Informationszugriffsrechte, moderne IT und technische

Infrastruktur, zuverlässige Informationsweitergabe, Foren, Newsletter, Mitarbeiterbesprechungen, Belegschaftsversammlungen.
Der Nachweis ist erbracht, aktuell und einsehbar.

Der Marken-Change-Prozess

Sie geben viel Geld für externe Dienstleister aus und wenden viel Mühe für den neuen Markenauftritt auf. Umgesetzt und gelebt ist er damit noch lange nicht. Der schwere Part beginnt nun, denn die Mitarbeiter sind mitzunehmen. Sonst lohnt sich die Mühe nicht; Sie hätten sich viel Geld sparen können. Der Dealbreaker im Markenmanagement liegt genau hier.

Beherzigen Sie die folgenden Regeln für die interne Kommunikation des Change-Prozesses, damit die Markeneinführung gelingt

1. Sie sollten eine Roadmap für die interne Markeneinführung mit einem gut ausgestatteten Budget und klaren Verantwortlichkeiten entwickeln.
2. Die Führungskräfte und Mitarbeiter sind möglichst früh über den Markenentwicklungsprozess zu informieren.
3. Die Führung sollte ganz offiziell und möglichst auch authentisch die Markeneinführung ankündigen und inszenieren.
4. Im Unternehmen sind möglichst frühzeitig Markenbotschafter zu finden und zu entwickeln. Die Markenbotschafter sind die Übersetzer der Markenziele in das Unternehmen hinein. Sie erzeugen als interner Tribe und Einflussgruppe eine positive Stimmung.
5. Sie müssen den richtigen Zeitpunkt für die Markenpräsentation und -einführung wählen. Gehen Sie mit viel Einfühlungsvermögen vor.
6. Die mit der Markeneinführung angestoßenen Veränderungen müssen ganzheitlich begleitet und unterstützt werden.
7. Erfolgreiche Veränderungen erfordern klare Anweisungen und Strukturen, vorbildhaftes Verhalten und immer wieder das Einhalten der neuen Markenregeln – Vorleben ist Pflicht.
8. Die Entwicklung von Fähigkeiten muss durch kontinuierliche Schulungsmaßnahmen, Coaching und Training begleitet werden. Die neuen Markenregeln müssen jederzeit gelebt werden können.
9. Investieren Sie in Markenmanagement nach innen wie nach außen. Nicht außen hui und innen pfui. Pflegen Sie die Marke auch nach innen.
10. Binden Sie die Mitarbeiter in die Markenentwicklung mit ein. Geben Sie Freiräume, Zeit, Raum und Kapital für die Beiträge der Mitarbeiter.
11. Und für die Zukunft gilt: Suchen Sie sich Ihre Mitarbeiter künftig markenkonform aus!

12. Die Werteversprechen der Marke sind an allen Kontaktpunkten immer und
    überall zu erfüllen!

4.6   Customer Experience Management

Die perfekte Customer Experience! Ein Schlagwort macht die Runde. Der Grundgedanke des Customer Experience Management ist letztendlich ein alter. Customer Experience Management (kurz: CXM oder CEM) klingt nur cooler. „Es wird
gefordert, den Kunden bzw. Interessenten bei allen Aktivitäten und Aktionen eines
Unternehmens in den Mittelpunkt zu stellen und seine Bedürfnisse sowie Wünsche
als unverrückbaren Maßstab für strategische Entscheidungen zu betrachten" (Naujokat o. J.).

Das Ziel des Customer Experience Management sind Markenloyalität und Markenbindung. Sie sind von elementarer Bedeutung für die Markenführung. Lange
Zeit wurde Markenloyalität mit Markentreue der Kunden gleichgesetzt, die regelmäßig die gleiche Marke kaufen, anderen Marken gegenüber weniger aufgeschlos-
sen sind und Mund-zu-Mund-Propaganda für „ihre" Marke betreiben (vgl. Aaker
1992, S. 57 f.).

Zur Markenloyalität gehört aber seit Chaudhuri und Holbrook (2001, S. 82) auch
die „Einstellungsdimension". Dabei handelt es sich um einen emotionalen Aspekt.
Dieser Teil der Markenloyalität kann als Markenbindung bezeichnet werden. Sie
geht über die Markenloyalität hinaus. Ferrari-Fans mit einer starken Markenbindung können sich eventuell nie einen Ferrari leisten und bleiben doch ihr Leben
lang Fans (vgl. Esch et al. 2004, S. 141).

Im Sinne der Förderung der Markenloyalität und Markenbindung kommt der
deutlich gestiegenen Anzahl der Kontaktpunkte (Touchpoints) und den Marken-
Communitys immer größere Bedeutung zu. Der Kundendialog spielt sich digital,
aber natürlich auch immer noch traditionell ab. Wir haben Ihnen zu diesem Faktor
in Kap. 3 folgende Fragen gestellt:

- Wendet das Unternehmen systematisch und in geeigneter Weise unterschiedliche Methoden an, um die Marke und ihre Botschaft für jeden transparent und
  erlebbar zu machen?
- Nutzt das Unternehmen außergewöhnlich erfolgreiche Kundengewinnungsstra-
  tegien auf Basis eines modernen Data-Managements?
- Fördert das Markenmanagement die Qualität vom ersten Kundenkontakt bis
  zum erfolgreichen Kauf im Sinne eines echten Dialogmarketings?

Menschen sind heute schon in kaum geahntem Ausmaß multidigital unterwegs. Sie arbeiten und leben mit Handy, Spielekonsole, Facebook, hören im Hintergrund MP3s, Spotify etc. und gegebenenfalls läuft der Fernseher auch noch. Menschen treffen sich mit ihren Communitys, begeistern sich im Internet für oder äußern sich gegen etwas. Sie entscheiden darüber, ob Marken relevant sind oder nicht. „Die Vernetzung des Konsumenten hat die Machtverhältnisse verschoben. Der Konsument vertraut mehr denn je seinen Wahlverwandtschaften. Interagiert und kommuniziert wird mit anderen Menschen. Der Weg zum Kunden führt daher verstärkt nicht mehr über Werbemedien – sondern über seine Beziehungen" (Janszky o. J.).

Produkte differenzieren sich nicht mehr nur in technischen Details vom Wettbewerb, sondern grenzen sich zunehmend durch immaterielle Faktoren ab. Menschen haben vielerlei Bedürfnisse; sie sind sozialer und emotionaler Art: Anerkennung, Zugehörigkeit, Vertrauen, Orientierung. Der Kundendialog muss dem Rechnung tragen. Der Prozess von der Geschäftsanbahnung über die Leistungserstellung bis hin zur Betreuung nach dem Kauf (After Sales Marketing) entscheidet über das Markenerlebnis, die Markentreue und aktive positive Empfehlungen. Kunden äußern sich auf mannigfaltige Art und Weise zu ihren Erfahrungen.

„Für den Anbieter geht es also darum, die Emotionen der Interessenten über alle Kontaktpunkte hinweg zu beeinflussen, um die Kaufentscheidung für das eigene Angebot attraktiv zu machen" (Gey 2017, S. 70) und sie dann auszubauen.

Das Ziel ist, eine für **jede Branche, jedes Unternehmen und jede Zielgruppe individuelle Programm- und Servicestruktur** zu entwickeln, die bei geringem Ressourceneinsatz eine größtmögliche Kundenbindung und Wiederkaufrate erzielt. Wer sich um seine Kunden kümmert, kommuniziert auch regelmäßig mit ihnen.

Wenn die Beziehung zwischen Kunde und Lieferant eng und vertrauensvoll ist, dann wird eine langfristige Beziehung leichter möglich sein. Zudem wird auf diese Weise der Informationsfluss – und damit das Marktwissen – enorm verbessert.

Eine wichtige Voraussetzung gilt es zu klären: Welche Anforderungen hat der Kunde an die Kontaktaufnahme und -pflege? Zu selten, zu häufig oder gar ständig wechselnde Ansprechpartner, Endlosschleifen im Callcenter, schlechtes Namensgedächtnis und lange Servicezeiten wirken sich negativ auf die Kundenbindung aus. An manchen Ecken und Kanten in der Kundenbeziehung entscheidet sich, ob ein Kunde wechselt oder „für immer" bleibt. Und einer davon ist eben die Pflege der Kundenbeziehung. Fühlen sich die Kunden gut aufgehoben und gut betreut? Wird die Interaktion zum intensiven Austausch mit den Kunden und zur Verbesserung genutzt? Gehören das proaktive Kümmern um den Kunden, um Bedürfnisse, Ängste, Erwartungen und Probleme zur Tagesroutine?

Das Kundenbeziehungssystem berücksichtigt alle Kunden auf allen Ebenen. Dabei gehen alle an der Wertschöpfung im Unternehmen Beteiligten in den direkten Marktkontakt und treten in den Kundenkontakt. So wird das Marktpotenzial besser genutzt, ohne den zeitraubenden Umweg über die zentralen Planungsinstanzen gehen zu müssen. Das Unternehmen wird greifbar und zugleich wird emotionale Nähe aufgebaut. Mindestens einmal pro Jahr ist das Kundenbindungssystem zu überprüfen und zu bewerten; Verbesserungsmaßnahmen sind gegebenenfalls abzuleiten.

Umsetzungsziel/Prozessvorschlag
Unsere Präferenz in der Kundenbeziehung ist die vollkommene Kundenloyalität in Form glücklicher Kunden, die durch Vertrauen entsteht. Kundenloyalität bedeutet immer die freie Entscheidung der Kunden darüber, die Geschäftsbeziehung wiederholt mit uns zu pflegen und auszubauen. Kunden wollen Innovation. Wir haben dafür zu sorgen, dass diese Erwartung erfüllt wird. Das dazu entwickelte Customer Experience Management umfasst alle Belange für nachhaltige Kundenloyalität: Touchpoint-Kenntnis und -überwachung, Loyalitätsmarketing – Organisation und Führung – Kundenansprache – Kundenreaktion – Kaufentscheidung – After Sales Marketing – Reklamation, Beschwerde, Kulanz – Lösungskompetenz – Vertrauen.

Wir haben Prozesse aufgesetzt und messen Kundenloyalität an Faktoren wie Kauffrequenz, Sortimentszugriff, POS-Umsatzerlöse, Reklamationshäufigkeit, Rabattansprüche, Beschwerden, Sonderwünsche, Problemlösungen etc. Daraus steuern wir Aktionen, um mit unseren Kunden die aktive Beziehung zu festigen. Die Markenloyalität steigt kontinuierlich. Deshalb konzentrieren wir unsere Anstrengungen darauf, gezielt eine hohe Kundenzufriedenheit in Form von Lösungskompetenz und Preiswürdigkeit zu fundamentieren.

Checkliste: Kundendialog

Welche Customer-Experience- und Kundendialogthemen sollten Sie bedenken?
Es geht also darum, wie unter besonderer Berücksichtigung der Berührungspunkte (Touchpoints) entlang der Kundenreise aus einem zufriedenen Kunden ein loyaler Kunde wird. Entscheidend ist dabei die Bindungskraft, die erzeugt werden kann. Wir müssen uns als Markenverantwortliche generell fragen:

*   Ist eine emotionale Bindung zwischen den Kunden und Ihnen/dem Unternehmen entstanden?
*   Sind wir an allen Touchpoints präsent, serviceorientiert und authentisch?
*   Bearbeiten wir das Thema Service systematisch und nutzen wir geeignete Methoden, um den Bestandskunden unsere Wertschätzung zu zeigen?

- Sind die Kunden mit der Lösung zufrieden, nein mehr noch, von ihr begeistert?
- Werden in der Kundenbeziehung ständig neue Informationen aufgenommen, Realität und Annahmen durch den Kunden verifiziert und die Verbindung zum Kunden intensiviert?

„Loyalitätsprogramme sind generell eine der besten Möglichkeiten, seine Kunden besser kennenzulernen. Im Tausch mit emotionalen Erlebnissen sind Kunden gerne bereit, mehr von sich preiszugeben. Voraussetzung für die Schaffung emotionaler Erlebnisse ist eine gut aufeinander abgestimmte Programmstruktur. Die konsequente Personalisierung des Kundendialogs und darauf aufbauende individuelle Services lassen den Kunden das Gefühl der Wertschätzung durch einen exklusiven Status erfahren" (mission<one> o. J.).

Für viele B2 C-Unternehmen sind Facebook, Twitter und Co beispielsweise absolut unverzichtbare Kommunikationskanäle für den Kundendialog, in industriellen B2B-Unternehmen wird hingegen eher auf den klassischen Newsletter gesetzt. Aber es gibt auch zahlreiche neue Formate:

- Zielgruppen-Webseiten,
- Gamification,
- (personalisiertes) E-Mail-Marketing,
- inhaltliche Website-Personalisierung in Echtzeit und
- verschiedene Formen der Customer Interaction (Live-Chat, eine Kommentarfunktion oder Social Media) ergänzen das Customer Experience Management.

Unser Tipp

Sie sollten das Wertversprechen Ihrer Marke an allen Berührungspunkten authentisch erfüllen. Dazu sollten Sie eine Liste oder Grafik im Team erarbeiten, die die Kundenkontaktpunkte aufführt. Diese können sehr unterschiedlich sein. Verwenden Sie darauf viel Sorgfalt und gehen Sie bei der Erarbeitung der Customer Journey Punkt für Punkt durch. Das heißt: Sie sollten sich zunächst überlegen, wie das ideale Kundenerlebnis am jeweiligen Touchpoint aussehen soll. Beschreiben Sie die Prozesse! Dann schulen Sie die Mitarbeiter auf die Erwartungshaltung der Markenverantwortlichen und der Kunden. Am besten kennen die Mitarbeiter und alle Touchpoint-Verantwortlichen den Markenkern, die Nutzenversprechen, kurz: die Markenidentität. Die Mitarbeiter werden systematisch an diesem Punkt begleitet und fortgebildet.

Zum Abschluss binden Sie diese Punkte in Ihre Leistungsmessung und Überwachung mit ein.

4.7 Öffentlichkeitsarbeit

Betreibt das Unternehmen authentische Öffentlichkeitsarbeit, die sich an der Marke orientiert und Mitarbeiter und Kunden gleichermaßen begeistert? Mit einer sorgfältigen und sauber geplanten Öffentlichkeitsarbeit bauen Sie Ihren Markennamen auf. Gute Öffentlichkeitsarbeit setzt voraus, sich vorab über die eigenen Ziele wirklich Gedanken gemacht zu haben. Öffentlichkeitsarbeit ist dabei mehr, als einfach Pressemeldungen zu schreiben und abzuwarten, ob und welches Blatt überhaupt berichtet. Diese Zeiten sind längst vorbei. Öffentlichkeitsarbeit spiegelt sich viel mehr im „kollektiven Verhalten" der Unternehmensrepräsentanz wider, sprich: Jeder Mitarbeitende wirkt am Außenauftritt mit. Authentische Öffentlichkeitsarbeit baut sich demnach organisch auf. Die eigene Botschaft sollte im Mittelpunkt stehen, dann wird sie auch gehört. Wir haben Ihnen zu diesem Faktor in Kap. 3 folgende Fragen gestellt:

- Werden aktiv innovative Marketingmaßnahmen (Social Media, Dialog etc.) zur öffentlichkeitswirksamen Markenförderung genutzt?
- Betreibt das Unternehmen authentische Öffentlichkeitsarbeit, die sich an der Marke orientiert und Mitarbeiter wie Kunden begeistert?

Noch immer werden Redaktionen von oft sinnentleerten Mitteilungen überschüttet, die in der Faxablage versanden. Längst ist PR aber eine multilaterale, komplexe und noch schnelllebigere Aufgabe geworden, die ganz oben in der Unternehmensstrategie anzusiedeln ist. Sie hinterlassen heute öffentlichkeitswirksam Spuren, ohne dass Sie es wissen oder wollen – auch als Privatperson, wenn Sie einen Facebook-Account haben und diesen als Privatperson mit lustigen Bildchen füttern. In der virtuellen Welt sind Sie niemals unbeobachtet und vor allem niemals privat. PR-Maßnahmen sind in der modernen Netzwelt schnell gemacht, Fehler auch. Und das Netz merkt sich alles. Hinzu kommt, dass nicht nur Sie die Möglichkeiten des Internets nutzen, sondern auch Ihre Kunden und Mitarbeiter. Patienten bewerten auf Jameda, Mitarbeiter auf kununu, Kunden quasi überall. Ihre Arbeit, Ihre Produkte, Ihre Führung und Qualitäten als Arbeitgeber stehen unter ständiger Beobachtung. Die grassierende Bewertungskultur macht vor nichts halt. Feien Sie sich!

Presseverteiler – der Klassiker
Klassische Kanäle der Tagespresse sind ohne Frage weiterhin tadellos zu bedienen. Machen Sie sich Journalisten zu Sparringspartnern und begegnen Sie ihnen fair und serviceorientiert, denn sie haben gewisse Erwartungen:

Sind Ihre Pressemeldungen für Journalisten klar, informativ und verwertbar und bieten Sie ihnen Anlass, über Ihr Unternehmen zu berichten? Journalisten sind gebildete Menschen, die unter äußerstem Zeitdruck arbeiten. Verstehen sie Ihre Botschaft nicht, liegt der Fehler auf Ihrer Seite, auch wenn Sie das anders sehen. Sie müssen in der Lage sein, einen Text so zu schreiben, dass ihn ein Laie oder Leser ohne Vorinformation sofort versteht. Das hat nichts mit Umfang, sondern im Gegenteil nur etwas mit Präzision der Sprache zu tun. Was nicht verwertbar ist, weil es unverständlich oder gar sprachlich fehlerhaft ist, landet umgehend in der Tonne. Eine zweite Chance gibt es nicht.

Wie sorgfältig ist Ihr Presseverteiler gepflegt? Wie gut sind Ihre persönlichen Kontakte zu Pressevertretern? Unterschätzen Sie niemals die Sensibilität und Vernetzung von Journalisten! Wenn Sie wichtige Meldungen herausgeben und bei der Verbreitung einen Adressaten vergessen, wird er es erstens umgehend erfahren und zweitens nachtragend sein. Nichts kränkt Journalisten mehr, als außen vor zu sein. Daher ist vor jeder Pressemeldung der Verteiler zu überprüfen. Nutzen Sie kostenlose Fachportale und Presseportale wie Open-PR oder PR-Gateway. Hier erreichen Sie nicht nur Pressevertreter, sondern auch Ihre Zielgruppen allein dadurch, dass Ihre Meldung über das Netz verbreitet wird und in die Suchmaschinen gelangt. Beispielsweise landen Ihre Meldungen über PR-Gateway direkt in Google News. Zusätzlich steht hinter PR-Gateway ein Netzwerk von über 250 kostenlosen Presseportalen. Sogar internationale Portale können Sie hier erreichen. Sie sind damit auf der sicheren Seite und erzielen eine riesige Verbreitung ohne eigenen Pflegeaufwand.

In guten wie in schlechten Zeiten
Jedes Unternehmen wünscht sich Publicity, gute Presse und ein positives Image in der Öffentlichkeit. Realistischerweise müssen Sie jedoch auch die Wahrscheinlichkeit akzeptieren, dass Sie einmal in die Lage kommen werden, weniger erfreuliche Nachrichten veröffentlichen zu müssen.

Wie gut sind Ihre Strategien, auf negative Meldungen zu reagieren? Haben Sie ein Konzept der Krisenkommunikation? Schlechte Nachrichten müssen Ihnen grundsätzlich wichtiger sein als gute. Denn positive Informationen zu platzieren ist einfach, angenehm und genugtuend. Negativschlagzeilen aber sind für die Öffentlichkeit gerade in Zeiten von Internethetze und Fake News ein gefundenes Fressen und für Unternehmen sehr kritisch. Man ist sehr schlecht beraten Fakten zurückzuhalten oder – noch schlimmer – zu verändern. Mindestens ein Journalist findet das auf jeden Fall heraus und zwar meist schneller, als Sie denken. Er wird Ihnen nie verzeihen und Ihr Unternehmen ein (Arbeits-)Leben lang auf dem Schirm haben. Die Kunst liegt darin, die unschöne Botschaft so zu veröffentlichen, dass kein Raum für Spekulationen bleibt. Das ist eine äußerst anspruchsvolle Aufgabe, für die es nicht zu Unrecht Profis gibt. Im Fall der Fälle eine spezialisierte externe Kommunikationsberatung heranzuziehen, sei explizit angeraten.

PR mit Köpfchen ist kein Luxus
Intelligente PR setzt Akzente, muss nicht teuer sein, baut auf langfristigen Ansätzen auf und findet vor allem immer mehr jenseits der klassischen Pressearbeit statt. Jede öffentliche oder virtuelle Begegnung im Dienst des Unternehmens hinterlässt ihren Eindruck. Bauen Sie Rituale ein, an die Ihre Partner und Kunden sich gewöhnen und auf die sie sich bestenfalls auch freuen. Das können regelmäßige Events oder nur Rundschreiben bzw. Newsletter sein. Ja, auch die kreative Weihnachtspost zählt dazu. Auch wenn Sie nie eine Reaktion darauf bekommen, werden Sie in dem Augenblick, in dem Sie darauf verzichten oder es vergessen, enttäuschte Reaktionen oder gar einen Sturm der Entrüstung erleben.

Wie arbeiten Sie im Internet, in Foren und Business-Netzwerken? Nutzen Sie alle Facetten und Kanäle, die Ihnen und Ihrem Unternehmen guttun und nützlich sind, aber wirklich nur diese. Im Grunde reichen wenige gut geplante Maßnahmen und Auftritte, um eine weitreichende öffentlich wirksame Wahrnehmung zu erzielen. Ihre Website muss SEO-technisch auf höchstem Niveau sein und möglichst auf der ersten Seite von Google angezeigt werden – am besten ganz oben. Es gibt Profis, die Ihren Webauftritt entsprechend trimmen. Positionieren Sie sich in Facebook mit einem ansprechenden Firmenprofil. Gerade junge Leute suchen mehr in sozialen Medien und weniger über Suchmaschinen. Sind Sie in den sozialen Medien nicht vertreten, gelten Sie schnell als uncool. Für einen Hersteller von Industriewerkzeugen ist das vielleicht sekundär, aber für Dienstleister keinesfalls. Unterschätzen Sie jedoch auch nicht die Tatsache, dass junge Menschen Arbeit suchen – und zwar durchaus über Social Media. Ihren virtuellen Fußabdruck im Sinne von Employer Branding müssen Sie also dort hinterlassen, wo Ihre Zielgruppe flaniert, nämlich auf Facebook, Instagram und YouTube.

Markenbotschafter und Imagetransport
Sie führen ein Unternehmen. Das macht Sie zum Markenbotschafter. Je kleiner die Firma ist, desto gewichtiger ist die Rolle, die Sie persönlich übernehmen, wenn Ihnen die Möglichkeit fehlt, die einzelnen Bereiche der PR auf mehrere Schultern zu verteilen. Dieser Luxus ist meist nur großen Unternehmen vorbehalten.

Pflegen Sie Kontakte zu Verbänden, Politik und Wohltätigkeitsorganisationen? Zweifellos ist dies der eher traditionelle und konservative Teil Ihrer Ansprechpartner, jedoch sicher ein nicht zu unterschätzender, natürlich immer abhängig vom Produkt oder von der Leistung, die Sie bieten. Für eine kleine Agentur sind politische Kontakte und Verbände weniger auschlaggebend als für einen weltweit agierenden Konzern mit Abertausenden von Mitarbeitern. Nutzen Sie also auch diese Kanäle und bewegen sich darin sicher. Lobby- und Verbandsarbeit ist allerdings zeitintensiv und auf Nachhaltigkeit angelegt. Ein singulärer Auftritt Ihrerseits ist unerwünscht. Ihr Ziel muss es sein, sich in diesen Kreisen einen seriösen Namen zu machen. Informieren Sie sich genau, welcher Verband zu Ihnen passt und gehen Sie gezielt vor. Sie bauen sich über diese Schiene ein öffentliches Image auf, das sehr stark von Ihnen als Person geprägt ist. Das ist nicht jedermanns Sache. Daher ist es ratsam, lieber einen Mitarbeiter oder eine Mitarbeiterin darauf abzustellen, wenn man selbst öffentlichkeitsscheu ist.

Transportieren Sie eine klare und jederzeit identifizierbare Corporate Identity nach außen? Positive Bekanntheit und Popularität ist für Anbieter von Produkten des Massenmarkts einer der wichtigsten Erfolgsfaktoren. Aber auch kleine Anbieter oder Freiberufler leben in ihrem eher kleineren Wirkungsradius von ihrem öffentlichkeitswirksamen Fußabdruck. Eine klare (Bekanntheits-)Strategie als Basis der Öffentlichkeitsarbeit, die auf der Vision, Mission und der Zukunftsstrategie aufbaut und diese authentisch umsetzt und begleitet, ist unabdingbar.

Umsetzungsziel/Prozessvorschlag
Sie sollten über Ihr Unternehmen sagen können: Wir haben eine außerordentlich systematische Öffentlichkeitsarbeit mit klaren Verantwortlichkeiten entwickelt. Mindestens einmal pro Jahr ist das System der Öffentlichkeitsarbeit zu überwachen und schriftlich auszuwerten. Verbesserungsmaßnahmen sind gegebenenfalls abzuleiten.

Checkliste: PR/Öffentlichkeitsarbeit

- Gibt es in Ihrer Firma eine klar definierte Ansprechperson, die als PR-Referent/-in auftritt und sich um die Öffentlichkeitsarbeit kümmert?
- Verfügen Sie über klare und gut formulierte Ziele und Positionspapiere?

- Stellen Sie allen relevanten Mitarbeitern sprachlich ansprechende und authentische Wordings zur Verfügung und kann jeder darauf zugreifen?
- Achten Sie auf eine korrekte sprachliche wie orthografische Umsetzung jedes schriftlichen Auftritts?
- Betreiben Sie eine regelmäßige Informationspolitik und bedienen Sie dabei mehrere Kanäle (Pressemeldungen, Newsletter, Pressenachmittag/-konferenz, Produktpräsentationen, Vorträge, Social Media)?
- Verfügen Sie über einen gut gepflegten, stets aktualisierten und kategorisierten Presseverteiler bzw. speisen Sie Ihre Nachrichten in Presseportalen wie PR-Gateway ein?
- Werden die Informationsmappen über das Unternehmen mit den CVs der Unternehmensführer und Produktinformationen stets aktualisiert?
- Betreiben Sie aktives Networking, indem Sie regelmäßig eigene Veranstaltungen anbieten oder selbst Veranstaltungen besuchen?
- Sind Sie als Aussteller auf Messen präsent oder besuchen Sie für Ihren Unternehmenszweck geeignete Messen?
- Verfügen Sie über Konzepte zur Krisenkommunikation (z. B. Schutz vor investigativem Journalismus), welche nach Szenarien kategorisiert sind?

4.8   Digitale Innovation

4.8.1   Erfolgsfaktor digitale Kompetenz

Die digitale Transformation bezeichnet einen kontinuierlichen Veränderungsprozess, der durch digitale Technologien vorangetrieben wird, der gravierende Auswirkungen auf die Gesellschaft und auf Unternehmen hat. Dass dieser Faktor für das künftige Wohl einer Marke entscheidend ist, wird niemand mehr bestreiten. Wir haben Ihnen daher zu diesem Faktor in Kap. 3 folgende Fragen gestellt:

- Bietet das Unternehmen tolle Problemlösungen für die Kunden und wird dies auch in den neuen Medien vom Kunden wahrgenommen?
- Überrascht das Unternehmen die Kunden immer wieder mit sehr attraktiven digitalen Marketingaktionen?
- Nutzt das Unternehmen Social Media (Facebook, Xing, Twitter etc.) aktiv?

Die Welt wird digital

Prof. Dr. Tobias Kollmann, Inhaber des Lehrstuhls für E-Business und E-Entrepreneurship an der Universität Duisburg-Essen, schreibt dazu in der Huffington Post: „Laut der Studie ‚Digital Business Readiness‘ von Crisp Research im deutschen Mittelstand gaben über 50 % der Befragten an, dass sie noch keine umfassende Digitalstrategie besitzen und Pläne allenfalls auf dem Papier existieren. Gleichwohl gaben fast 75 % der Mittelständler an, dass der Digitale Wandel großen Einfluss auf ihre Unternehmensstrategie habe und IT-Expertise als unerlässliche Qualifikation angesehen werde" (Kollmann 2015).

Es geht um das digitale Know-how für die Entwicklung, den Aufbau und den Betrieb von elektronischen Wertschöpfungen in Online- und Offline-Geschäftsmodellen. Deutsche Unternehmen hängen hier mit wenigen Ausnahmen deutlich hinterher. Alle wesentlichen Unternehmen der Trägerstruktur kommen aus den USA (Facebook, Google, Twitter etc.). Es gilt nun, den Anschluss in den Hauptindustrien und den klassischen KMUs nicht zu verlieren.

Marken und Unternehmen müssen den digitalen Wandel bestmöglich meistern, um langfristig zu bestehen, sonst gehen sie unter – und dummerweise geht das Untergehen immer schneller. Der aktuelle Wandel wird vor allem durch digitale Technologien wie Social Media (Online-Kampagnenmanagement, Online Entertainment), Mobility oder Cloud Computing vorangetrieben. Mittlerweile ist es normal, dass Kundenanfragen über soziale Netzwerke beantwortet, neue Mitarbeiter online ausgewählt und Kunden via Crowdsourcing am Innovationsprozess beteiligt werden.

In Verbindung mit der „Always On"-Kultur unserer Gesellschaft und einem veränderten Konsumentenverhalten führt das zu einer der größten Umwälzungen, die die Unternehmenswelt jemals bewältigen musste. Daher sollte das Thema digitale Innovation ein zentraler Bestandteil Ihres Markenmanagements sein.

Umsetzungsziel/Prozessvorschlag

Sie sollten im Rahmen Ihres Markenmanagements folgende Themen beherrschen:

1. Online-Kampagnenmanagement
2. Online Entertainment
   - AdressgenerierungBeratung
   - Gewinnspiele
   - Adventskalender
   - E-Cards
   - Quiz

3. Technik und Prozesse
   - Technologielandkarte Software-Screening
   - Implementierungsberatung
   - Prozessoptimierung
   - Medienprogrammierung
   - ASP-Services
   - Datenmanagement
   - Webentwicklung
   - Applikationsentwicklung

4.8.2 Buzzwords im digitalen Marketing

Im Folgenden stellen wir Buzzwords vor, die uns besonders gefallen, ständig nerven oder uns wichtig erscheinen. Unsere Favoriten stellen wir auf den folgenden Seiten etwas näher vor. Zu jeder Erklärung folgt ein theoretisches und im besten Fall praktisches Beispiel – und manche bekommen noch den sogenannten „Hot-Shit-Faktor", ein Label bzw. ein Indikator, der mögliche aktuelle und zukünftige Potenziale aufzeigen soll.

Mobiles Marketing – Ich will es hier und jetzt!
Facebook hat 2017 bei Live-Videos zehnmal so viele Kommentare wie bei „normalen" Videos und eine überwältigende Mehrheit wird auf mobilen Endgeräten abgespielt. Wesentliche Aspekte bei der digitalen Transformation sind das Thema Mobilität sowie der Faktor „Live" und damit die zeitliche und örtliche Unabhängigkeit des Konsumenten. Totale Vernetzung. Mobile Kommunikation mit Smartphone und Wearables. Wir steuern unsere Wohnung (Heizung, Licht, Lüftung, Unterhaltung, Sicherheit etc.), während wir im Auto oder im Zug sitzen. Fast alle Produkte lassen sich mittlerweile online kaufen und es ist keine Frage mehr, ob eine Marke digitales Marketing betreibt, sondern wie lange sie überlebt, wenn sie es nicht oder falsch macht. Die Konsumenten definieren, was, wann, wo und wie sie Informationen oder Produkte konsumieren wollen. Öffnungszeiten, optimale, zielgerichtete Beratungen und Verfügbarkeiten sind Hygiene. Wer hier digital nicht richtig aufgestellt ist, wird nicht lange überleben. Wie sieht heute eine typische Customer Journey aus?

Ich sehe in einem YouTube-Video einen Turnschuh, der mir gefällt. Ich erkenne die Marke, gebe auf Google oder in der YouTube-Suche die entsprechenden Suchbegriffe ein und kann nach Sekunden den Schuh meines Idols im Online-Shop bestellen. Am besten noch in zwei bis drei Größen oder Farbvariationen. Zwischendurch lasse ich mich dann noch von einem Chatbot über Alternativen beraten. Und wenn mir der Schuh nicht gefällt, lasse ich ihn per Abholauftrag wieder zurückgehen. Wenn Sie hier als Marke nicht entsprechend aufgestellt sind, dann werden Sie sich nicht lange am Markt halten können. Junge Start-ups starten schon digital in den Markt und haben hier einen enormen Vorteil. Im Folgenden soll ein Detailbereich innerhalb der digitalen Kommunikation näher betrachtet werden, welcher im letzten Jahr enormen Zuwachs zu verzeichnen hatte. Die Rede ist von sogenannten Chatbots.

Unter Chatbots – oder kurz: Bots – versteht man textbasierte Dialogsysteme. Über eine Texteingabemaske können Nutzer mit dem hinter dem Bot stehenden System kommunizieren. Die Bots greifen dabei auf vorgefertigte Datenbanken, sogenannte Wissensbasen, zurück. Eingegebene Fragen werden zunächst in Einzelteile zerlegt und verarbeitet. Diese Verarbeitung (Preprocessing) umfasst beispielsweise die Harmonisierung von Schreibweisen und das Entfernen von Tippfehlern. In einem zweiten Schritt wird die Frage (über Erkennungsmuster) gelöst und gegebenenfalls werden verschiedene Muster verschachtelt (Postprocessing). Dadurch ist ein sinnvoller Dialog mit dem Nutzer möglich. Gelegentlich werden Bots in Verbindung mit einem Avatar verwendet. Derartige Systeme bezeichnet man auch als virtuelle persönliche Assistenten.

Andere Bots reagieren wiederum nur auf spezielle Befehle. Sie bieten spezielle Funktionen innerhalb ihres Chatraums oder dienen als Schnittstelle zu anderen Diensten.

Der Bot im Facebook Messenger
Neben WhatsApp, Slack und anderen Kanälen bietet Facebook seit 2016 die Möglichkeit, einen sogenannten Bot zu programmieren und ihn in den Facebook Messenger für eine Unternehmensseite einzubinden. Intelligente Bots beantworten Nutzerfragen mit einem vorgefertigten Set von Antworten und Gegenfragen und lassen sich stetig weiterentwickeln. Viele große Unternehmen, News-Seiten und Marken (z. B. eBay, Amazon, Audi, Airbnb) setzen Bots bereits erfolgreich ein oder entwickeln entsprechende Lösungen.

Messenger Bots können dabei helfen, Ressourcen zu sparen, Nutzer schneller und effizienter mit Informationen zu versorgen und zeitnah mit Nutzern und potenziellen Kunden zu kommunizieren. Normalerweise muss ein Nutzer nach dem Abschicken seiner Frage zwischen 15 Minuten und 48 Stunden auf eine Antwort warten. Bots erledigen simple Anfragen in wenigen Sekunden – und verweisen bei komplexeren Sachverhalten zuverlässig auf menschliche Mitarbeiter.

Schon heute nutzt eine Milliarde Menschen (Monthly Active Users – MAUs) weltweit den Facebook Messenger, Tendenz stark steigend. Die meisten Fragen an Unternehmen ähnlen sich dabei sehr stark, meist sind es simple Produktfragen zu

Verfügbarkeit, Varianten oder Preisen. Eine Vielzahl dieser zeitaufwendigen Nutzeranfragen kann von einem Bot bearbeitet werden. Die Entwicklung eines Bots ist – im Vergleich zu der permanenten Beschäftigung mehrerer Mitarbeiter – sehr kosteneffizient und kann die Kommunikation mit Nutzern verbessern. Da sich der Facebook Messenger als Kommunikations-Tool auf externen Websites einbinden lässt, kann er auf den jeweiligen Produkt- oder Serviceseiten eingebaut werden, um so eine direkte und schnelle Möglichkeit für Besucher zu schaffen, mit der Marke zu kommunizieren.

Ein weiterer Vorteil gegenüber anderen Kanälen oder auch Apps ist der, dass die Nutzer sich in einem bestehenden und weiterverbreiteten Umfeld bewegen. Viele nutzen die Messenger-Funktion für ihre alltägliche Kommunikation und müssen somit keine weitere Anwendung installieren und deren Funktionen erlernen. Messenger-Systeme an sich sind schon seit einigen Jahren in Gebrauch und haben sich mit Facebook, WhatsApp, Telegramm usw. rasant weiterentwickelt und -verbreitet. Die nächste Stufe bei ihrer Entwicklung ist die Verbindung mit künstlicher Intelligenz (KI). Hier lernen die Systeme selbstständig weiter und optimieren sich in jeglicher Hinsicht. Aus Sicht der Marketingtreibenden eine sicherlich spannende Geschichte, aber natürlich auch nicht ganz ohne Risiken.

Beispiele für den Einsatz von Chatbots

Beispiel 1 – KLM
Verlorene Reisedokumente wie Reisepass oder Flugticket verursachen bei den Airlines hohe Kosten im Kundendienstbereich. Hier kommen je nach Gesellschaft pro Anfrage Kosten in Höhe von rund 7 Euro zusammen, die durch den Einsatz von Mitarbeitern im Callcenter usw. generiert werden. Mit dem Einsatz von Chatbots hat es die Airline KLM geschafft, die Kosten auf unter 3 Euro pro Anfrage zu reduzieren. Zudem kann den Kunden schneller geholfen werden, was zu einer höheren Zufriedenheit führt (vgl. KLM Royal Dutch Airlines 2016).
Nutzen: Kostenreduktion, Steigerung der Servicequalität, Kundenzufriedenheit
Beispiel 2 – Airbnb
Der Online-Marktplatz Airbnb vermittelt Wohnraum, Ferienwohnungen und Häuser von privat an privat und ist damit zu einer starken Konkurrenz für Hotels und andere Tourismusanbieter geworden. Airbnb nutzt einen Chatbot für Aftersales-Dienstleistungen. So meldet sich der Bot beim Mieter, sobald dieser es wünscht. Er hilft ihm dabei, die beste Abreisemöglichkeit zum Mietobjekt zu finden und beantwortet auch proaktiv die am häufigsten gestellte Frage nach dem Einzug ins Objekt: „Wie heißt der Wifi-Zugang und was ist das Passwort?".

Nutzen: Kostenreduktion, Steigerung der Servicequalität, Kundenzufriedenheit
Beispiel 3 – Jägermeister
Jägermeister hat mit der Digitalagentur La Red den ersten „rappenden Chatbot"
entwickelt, mit dem Facebook-Nutzer individualisierte Musikvideos an ihre
Freunde schicken können. Vorgetragen werden die Songs von den deutschen
Hip-Hoppern Eko Fresh und Ali As (vgl. Theobald 2017).
Nutzen: Markenkommunikation, zielgruppengerechte Ansprache im vorhan-
denen Kanal, hohe Verbreitung in der Zielgruppe mit geringen Streuverlusten
Beispiel 4 – Sparkasse
Der Sparkassenverband hat für seine App „Kwitt", mit der die Kunden Geld-
beträge bis zu 30 Euro von Handy zu Handy transferieren können, eine Chat-
bot-Kampagne entwickelt. Damit können die Kunden individualisierte Videos
versenden (vgl. Dowideit 2017).
Nutzen: Steigerung des Markenimages durch bedürfnisorientierte, innovative Markenkommunikation, zielgruppengerechte Ansprache im vorhandenen
Kanal, hohe Verbreitung in der Zielgruppe mit geringen Streuverlusten

YouTube

Kennt doch eigentlich jeder. Und was ist YouTube? Die größte Videoplattform? Ja
und nein. Denn YT ist auch eine der wichtigsten Suchmaschinen. Und so sollten
wir den Kanal auch sehen und als Marketing-Tool einsetzen. YouTuber sind die
neuen Stars, die Meinungsmacher. YouTube-Videos müssen nicht zwangsweise
teuer produziert sein, um extrem erfolgreich zu werden. Marken können hier ganz
groß punkten oder versagen. Wichtig, wie in allen Social Networks, sind Relevanz,
Glaubwürdigkeit und Schnelligkeit!

WhatsApp

Benutzer können über WhatsApp Textnachrichten, Bild-, Video- und Tondateien
sowie Standortinformationen, Dokumente und Kontaktdaten untereinander austau-
schen. Bislang gilt der Dienst auch noch als verschlüsselt. Direkter geht es nicht.
Wenn ich als Marke oder Unternehmen mit meiner Zielgruppe in den individuellen
und persönlichen Kontakt treten kann, dann über WhatsApp. Das Ganze dann noch
mit einem Chatbot verknüpfen und schon kann der Markendialog beginnen.

Hot-Shit-Faktor: Direktmarketing-Tool, WhatsApp-Newsletter

Wearables

Darunter versteht man tragbare Computersysteme, oft in Interaktion mit dem
Körper. Sie dienen meist der Aufzeichnung, Evaluation und Beeinflussung. Uhren,

Datenarmbänder, Brillen oder in Textilien eingearbeitete Sensoren sind aktuell schon im Einsatz.

Hot-Shit-Faktor: Sport, Fitness, Gesundheit, Medizin und Arbeitswelt, intelligente Fließbänder, Interaktion von Mensch und Maschine, Head-up-Displays zeigen mir z. B. die richtige Schraube beim Montieren eines Motors

Vimeo
Im Vergleich zur Suchmaschine YouTube ist Vimeo eine Video-/Filmplattform für eher anspruchsvolle Inhalte. Künstler, Filmemacher und Co stellen hier ihre Projekte vor. Neben den frei zugänglichen Inhalten kann man auch Filme gegen Bezahlung (on Demand – und es gibt Leute, die damit Geld verdienen) einstellen.

Hot-Shit-Faktor: Für Film- und Video-Nerds, die auf visuelle Qualität Wert legen, ist das die Plattform, um sich auszutauschen. Qualität statt Quantität!

Trendjacking
Darunter versteht man die Adaption eines aufkommenden Themas für die eigenen Ziele. Sei es, ein entsprechendes Produkt auf den Markt zu bringen oder in der Kommunikation für sein Produkt aktuelle Trends und deren Umfeld zu nutzen. Hierbei kommt es vor allem darauf an, Themen oder Dinge zu identifizieren, noch bevor sie wirklich breit auftreten. Wenn man es hier schafft, rechtzeitig dabei zu sein, wird man im besten Fall als authentischer und integraler Bestandteil der Bewegung angesehen.

Ein Beispiel aus der Welt der politischen Satire ist das Aufgreifen der umstrittenen Slogans Donald Trumps, „America First". So haben sich innerhalb kürzester Zeit TV-Shows weltweit dieser Thematik angenommen und satirische Clips produziert, die sich riesiger Reichweite erfreuen durften.[12] Unbedacht eingesetzt und auf das falsche Thema gesetzt, kann die Sache aber auch nach hinten losgehen. So hat die Modemarke Kenneth Cole 2015 die Proteste in Kairo für den Start ihrer Frühlingskampagne genutzt und damit den Zorn der Netzgemeinde ob dieser geschmacklosen und unsensiblen Kommunikation auf sich gezogen.

Wo und wie kann man Trends finden und identifizieren?

Facebook, Instagram und Twitter, Blogs, Foren, Google-News-Suche, Unterhaltungssendungen und TV-Nachrichten, regionale und überregionale Tagespresse sowie die Online-Presse sind wichtige Quellen für den „Hot Shit".

---

[12] Eine Sammlung der Clips liegt auf http://everysecondcounts.eu/.

Entweder man beauftragt Redakteure mit der Recherche oder man nutzt entsprechende Software (Hootsuite, Tweetdeck, Brandwatch Social Media u. a.), mit der sich das Netz nach relevanten Themen analysieren und auswerten lässt. Wichtig: schnell sein und dennoch Qualität liefern (vgl. College o. J., Ennis 2014, McDermott o. J.).

Newsjacking
Newsjacking ist eigentlich kein wirklich neues Thema, bekommt durch das Web aber neue Dynamik und kann für Marken ein wirklich interessanter PR- und Marketingaspekt werden. Das Kunstwort bedeutet, eine Nachricht oder ein Thema zu rauben, zu hijacken, um damit für eigene Zwecke und Inhalte Aufmerksamkeit zu generieren. Große politische, soziale oder gesellschaftliche Themen eignen sich hierfür besonders gut. Eine breite Öffentlichkeit hat bereits Interesse und Marken nutzen diese Themen für ihre eigenen Marketing- und Kommunikationszwecke, ohne dafür direkt zu bezahlen. Blogger und Journalisten grasen für ihre Arbeit vor allem die sozialen Netzwerke nach heißen Themen ab. Was wird aktuell diskutiert und bewegt die Gemüter? Was könnte sich zu einem großen Thema entwickeln?

PR- und Social-Media-Treibende produzieren nun ihrerseits dezidiert Inhalte zu diesen heißen Themen, um im besten Fall in die Berichterstattung integriert zu werden – oder zumindest in die Sogwirkung der Wahrnehmung bei den Konsumenten zu gelangen. Dies funktioniert oft über humorige oder satirische Aufbereitungen der Themen. Die Mechanik der PR-Arbeit wird hier umgedreht. Es wird kein markeneigener Inhalt zu einem vorab festgelegten Zeitpunkt ausgespielt, sondern reaktiv zu aktuellen Stimmungen, Trends und Themen produziert und publiziert. So nutzt der Autovermieter Sixt immer wieder Themen aus der aktuellen Presse, die er in seiner Kommunikation aufgreift und mehr oder weniger humorvoll adaptiert.

Influencer Marketing
Der Ausdruck „Influencer" entstand vor rund zehn Jahren. Er bezeichnet eine Person, die in den sozialen Netzwerken eine relevante Anzahl von Anhängern/Followern hat und diese entsprechend beeinflussen kann. Deshalb sind Influencer bei der Vermarktung und Werbung im Internet gefragt.

Welche Personen sind für meine Zielgruppe authentische und relevante Meinungsmacher? Durch die Analyse- und Tracking-Möglichkeiten der sozialen Netzwerke ist es sehr einfach geworden, entsprechende Personen zu identifizieren und mit ihnen in Kontakt zu treten. So geht es einem Sportartikelhersteller nicht mehr nur in erster Linie darum, die Stars der jeweiligen Sportart für klassische Werbung zu nutzen, sondern auf anderen Ebenen Opinion Leader fokussiert und agil in einen mehrdimensionalen Dialog einzubinden. So kommt es hier nicht unbedingt darauf an, ob die Person den Sport auf professionellem Niveau ausübt, sondern vielmehr, ob sie über das Thema authentisch und nachvollziehbar berichten kann. So kommen viele Influencer über ihre Kanäle (Blogs, Facebook, Instagram, YouTube) auf enorme Reichweiten.

Beispiel Casey Neistat (6.518.774 Abonnenten auf YouTube)

Casey hat seine Karriere mit kleinen „Home-made-Videos" begonnen und ist über seinen YouTube-Kanal und verschiedene Videoformate zu einem bekannten YouTuber geworden, der sich scheinbar jedes Themas annimmt, das ihn interessiert. Marken wie Nike oder Mercedes Benz nutzen seine Popularität, um ihre Markenbotschaften mit seiner Handschrift in seine „Community" transportieren zu lassen. Hier die Beschreibung auf seinem YouTube-Kanal:

„Hi, I live in New York City and love YouTube.
some FAQs
Q.what'd i shoot that with
A.BIG CAMERA; http://amzn.to/1MIJUGK
WIDE LENS; http://amzn.to/1VCtBhS
SMALL CAMERA; http://amzn.to/1MIJWyj
MICROPHONE; http://amzn.to/1Sl6ZMG
OTHER MICROPHONE; http://amzn.to/1MIKa8E
DRONE; http://amzn.to/1Sl75Uq
OLD DRONE (cheaper but still great); http://amzn.to/26lwt
Q.where did i go to film school
A.never went to film school or college
Q.what's that crazy space where im working in a lot of the videos
A.that's my production studio in NYC, i built this space and have been here for almost 10 years. no don't live in this space, just work
Q.what do i edit with
A.final cut x. i don't love it. too crashy and clitchy but i hate learning new software
Q.someone asked how old i am
A.i'm 35. well for now i am. i was born in 1981 so if i don't update this before next year you can keep track on your own" (https://www.youtube.com/user/caseyneistat/about)

Augmented Reality (AR) und Virtual Reality (VR)

Gehypt, beerdigt, auferstanden … und wieder ein Flop? Bei den Themen AR und VR streiten sich die Experten, Nutzer und diverse Szenen. Schon in den 1990er Jahren kam das Thema Virtual Reality auf. Mit unglaublich teuren Soft- und Hardwarelösungen wurden z. B. im Ars Electronica Center in Linz im sogenannten Cave virtuelle Welten zwischen wissenschaftlichen Simulationen, Industrieanwendungen und Computerspielen erfahrbar gemacht. Mittlerweile gibt es u. a. Anwendungen in der Medizin und in der Automobilindustrie sowie Computerspiele und diverse Simulatoren (Flug, Fahrzeuge usw.). Aber im Bereich der Markenkommunikation hat das Thema noch nicht so richtig Fahrt aufgenommen. Unter anderem hat Audi zusammen mit Samsung und deren Gear-VR-Anwendung diverse Automodelle für die Kunden via Simulation erfahrbar gemacht. So können die Käufer ihr Fahrzeug in diversen Ausstattungen Probe fahren, ohne wirklich ein Fahrzeug bewegt zu haben. Der Vorteil für den Händler: Er benötigt genau ein Ausstellungsfahrzeug, welches dann in der Simulation in allen nur möglichen und unmöglichen Konfigurationen getestet werden kann. Außerdem kann der Kunde Fahrtrainings absolvieren, ohne mit dem Fahrzeug in reale kritische Situationen zu kommen (vgl. Ilg 2017, Audi 2015). Die emotionale Überzeugungskraft ist allerdings noch ausbaufähig. Grundsätzlich lassen sich hier für Marken in Zukunft aber Erlebnisse schaffen, die z. B. den POS ins Wohnzimmer verlagern. Beispielsweise kann ein Anwender beim Kauf einer Outdoor-Funktionsjacke das Produkt in den Bergen von Island realitätsnah simuliert erleben.

E-Commerce vs. Fachhandel/Point of Sale

Natürlich gibt es Amazon, Zalando und Co. Dennoch ist der Fachhandel noch lange nicht tot. Es verschiebt sich nur alles auf andere Ebenen. Einkaufen muss für den Kunden zum Erlebnis werden. Egal ob digital, in der Shopping Mall oder dem Flagship Store in der Fußgängerzone. Das Markenerlebnis zählt. Große Online-Händler wie beispielsweise Blue Tomato, der Spezialist für Snowboard-, Ski-, Skate- und Surfprodukte, bauen neben dem digitalen Shop europaweit in wichtigen Städten Ladengeschäfte auf, in denen der Kunde die Marken real erleben kann. Viele Kunden informieren sich im Netz und kaufen im Laden, aber auch umgekehrt. Und so kann man als Marke beide Vorlieben bedienen. Das Thema Eigenmarke wird hier mehr und mehr gespielt. So dient der Händler schon lange nicht mehr nur am POS als Erlebniswelt, die entsprechend inszeniert werden muss. Auch digital muss das Produkt- und Markenerlebnis entsprechend dem Markenversprechen gespielt werden.

▶   ABER: Was haben viele Trends gemeinsam? Antwort: Sie bleiben Trends
     und setzen sich nicht durch.

Laut einer Liste des Bloggers Josh Steimle sind 2017 folgende Trends dem Ende
näher als dem Erfolg (vgl. Steimle 2017):

1. Twitter
2. große Bannerwerbungen
3. Agenturbilder
4. gefälschte Rezensionen
5. Pop-up-Anzeigen

4.8.3   Buzzword-Bingo – noch verwirrt oder schon agierend?

Eine unvollständige interaktive Sammlung als Experiment: Stöbern (d. h.
„googeln") Sie einfach mal im Netz, was es zum Thema „Digitale Innovationen"
so gibt. Die Liste in Tab. 4.5 ist eine Sammlung von Begriffen, die zum Zeitpunkt
der Entstehung dieses Buchs als besonders relevant bzw. „trendig" gelten und eine
subjektive Auswahl der Autoren dieses Buchs. Bearbeiten Sie die Liste im Laufe
der Lektüre dieses Buchs und nach Beendigung legen Sie sie für mindestens sechs
Monate weg. Danach holen Sie die Liste wieder hervor und füllen sie erneut aus.
Das Ergebnis könnte interessant werden.

Eine digitale und dynamische Buzzword-Liste finden Sie auch auf stilbezirk.
de/buzzword. Um die Webseite aufzurufen, können Sie auch den folgenden
QR-Code scannen (entsprechende Smartphone-Apps gibt es im Android- oder
iTunes-App-Store):

Tab. 4.5 Buzzword-Bingo: Bitte Zutreffendes ankreuzen. (Quelle: stilbezirk.de/buzzword)

Buzzword	Kannte ich nicht	Damit kenne ich mich aus	Ist re-levant	Ist mittlerweile allg. Standard	Ist mir egal
#IRL oder IRL (In Real Life)					
3D Scanning					
Adblocker					
Aggregation					
Authenticity					
Big Data und -Analyse					
Bitcoins					
Bots oder Messenger Bots					
Content Marketing					
CPL					
Customer Care durch lernende Bots					
Customer Care in Echtzeit					
Darknet					
Digitale Transformation					
Earned Media					
Employee Amplification					
Facebook					
Gamification					
Geotargeting					
Growth Hacking					
H2H-Marketing					
Immersive Experience					

Tab. 4.5 (Fortsetzung)

Buzzword	Kannte ich nicht	Damit kenne ich mich aus	Ist re-levant	Ist mittlerweile allg. Standard	Ist mir egal
Individualisierung					
Influencer Marketing					
Instagram					
Internet of Things					
KPI					
Künstliche Intelligenz					
Marketing Automation					
Messenger/ Chat Tools					
Micro Influencing					
Mobil					
Multi Device Customer Journey & Touchpoint					
Native Advertising					
NOW Data					
Omni-channel					
Performance Marketing					
Pinterest					
PPC					
Realtime Engagement					
Snapchat					
Social Media Listening					
Sticker, Emojicons					

Tab. 4.5 (Fortsetzung)

Buzzword	Kannte ich nicht	Damit kenne ich mich aus	Ist re-levant	Ist mittlerweile allg. Standard	Ist mir egal
Trackbarkeit durch Social Logins					
Trendjacking					
Tribe-Events					
Twitter					
Vimeo					
Wearables					
WhatsApp					
YouTube					

4.9 Markencontrolling – Markenerfolg messen

In Abschn. 4.1 und 4.2 wurde ja bereits beschrieben, wie wichtig es für eine konsequente Markenführung ist, dass man in einem ersten Schritt ein fixes Set an emotionalen und rationalen Markenwerten entwickelt und die Markenidentität festlegt: Nur so kann kontinuierlich gemessen werden, inwieweit die (potenziellen) Kunden einzelne Marketingaktivitäten auch analog zu diesen Markenwerten erleben und bewerten. Die „Markenidealwelt", die das Unternehmen ausstrahlen möchte, muss also immer wieder an der Markenrealität gespiegelt werden, d. h., es muss regelmäßig überprüft werden, wie das Markenbild aufseiten der Empfänger auch tatsächlich ankommt. Auf Basis dieses Abgleichs lassen sich strategische und operative Entscheidungen zur Markenführung ableiten. Wir haben Ihnen zu diesem Faktor in Kap. 3 folgende Fragen gestellt:

- Hat das Unternehmen ein sehr gutes Image (als Produkt/Marke)?
- Wird die Zufriedenheit der Kunden und Interessenten mit der Marke regelmäßig abgefragt und wird daraus Nutzen gezogen?

Grundlage kontinuierlicher Verbesserung der Marke ist eine regelmäßige Überprüfung der aktuellen Situation und ein Vergleich der Daten über längere Zeiträume hinweg. Gerade kleinere Unternehmen und Einzelunternehmer kämpfen mit diesem Befähigerfaktor.

Fremdüberprüfungen, Marktanalysen und Kundenbefragungen sollten laufend durchgeführt und damit das eigene Bild aktualisiert werden. So wird Sorge dafür getragen, dass die eigene Einschätzung durch Marktteilnehmer verifiziert wird und man nicht in Selbstbeweihräucherung erlahmt. Langfristig erfolgreiche Unternehmen haben die geeigneten Antennen aufgebaut, um Änderungen des Marktgeschehens zu antizipieren, und reagieren auf diese Eingangssignale. Workshops, Szenariotechniken, Brainstorming, der Dialog mit User-Gruppen, kurz: das Durchspielen der möglichen Zukunftsalternativen, erhöhen die Bestandssicherheit des Unternehmens und vermitteln ein objektives Bild der aktuellen Situation.

Nur eine echtes valides Marken- und Marketingcontrolling bildet die Grundlage für eine professionelle Markenführung. Markenführung unterliegt den ganz normal gültigen Regeln für Managementsysteme und Steuer- bzw. Regelkreise. Die Steigerung der Effizienz von Marketingbudgets und die Schaffung eines Wertbewusstseins für die Marke müssen geplant und gemessen werden. Auf die Abweichungen muss mit konkreten Maßnahmen reagiert werden. Auch für das Markenmanagement gilt: **Nur was man messen kann, kann man managen.**

Das datenbankgestützte Wissen über den Kunden kann automatisiert für das Markencontrolling wie auch für den Kundendialog genutzt werden.

Im One-to-One Marketing kommt es darauf an, mit persönlichen und individuellen Informationen und Angeboten regelmäßig mit dem Kunden in Kontakt zu treten und direkt auf sein Verhalten zu reagieren. Dafür werden in der digitalen Welt unterschiedliche Kanäle genutzt: E-Mail, Social Media, Handelsportale, Microsites, Apps, Online Entertainment, individuelle Push-Meldungen via Smartphone und Tablet sowie nach wie vor Printprodukte – das ist Direktmarketing 4.0. Hier kann überall gemessen und controllt werden.

Die individuelle Kommunikation mit den Kunden wird auf Interessengebiete, Transaktionsdaten, soziodemografische Daten und Vertriebsstrukturen ausgerichtet. Das Ziel ist eine proaktive, personalisierte Kundenansprache bzw. Kundendialog mit Feedbackschleifen.

Marketingentscheider müssen zukünftig vermehrt Technologien einsetzen. Sie sollten Daten analysieren und selektieren, damit Sie Ihre Kunden wirklich kennen. Diese Technologie muss für die individuellen Vorlieben und Verhaltensweisen von Kunden genutzt werden, um so der richtigen Person die richtige Botschaft zur richtigen Zeit und im richtigen Format zu vermitteln. One-to-One Marketing ist die Herausforderung, um Kundenzufriedenheit, Loyalität und damit die Verkaufszahlen signifikant zu steigern.

Dazu müssen Sie ein schlüssiges Konzept und eine klare Vorstellung über Kundenwünsche und Kundennutzen entwickeln. Es ist dabei wichtiger, die vorhandenen Daten zu begreifen und wirkungsvolle Kampagnen und Schlüsse daraus abzuleiten, statt immer größere Bestände aufzubauen und diese nicht aktiv zu nutzen.

Umsetzungsziel/Prozessvorschlag

Sie sollten von Ihrem Unternehmen sagen können: Als markenorientiertes Unternehmen ist uns das Thema Markencontrolling sehr wichtig. Wir überprüfen methodisch die Markenmesspunkte, um mit der Organisation der Marktdynamik den wichtigen Schritt voraus zu sein.

Dazu erstellen wir in regelmäßigen Abständen Markenanalysen. Wir machen so die Stärken-/Chancen-Potenziale erlebbar und beschreiben unsere Kennziffern. Die Analysen implizieren bereits die Markt-/Kundensicht. Das Feedback zu den richtigen Stärken bzw. zur Darstellung unserer erhalten wir aus dem Marketing bzw. der Produktentwicklung und aus den Statistiken über Kundenloyalität und Kundenbewegungsstatistiken.

Zum Beispiel haben wir vereinbart: Bestleister, Befähigerkriterien, Marktdynamik, Potenzialanalysen, Markt-/Kundensicht, Kundenbewegungsstatistiken, Verkaufsstatistiken, spezifizierter Marktanteil.

Der Nachweis ist erbracht, aktuell und einsehbar.

Im Rahmen eines internen Audits oder der Managementbewertung sollte mindestens einmal pro Jahr die grundlegende Analyse auf Sinn und Aktualität geprüft werden. Risikomanagement bedeutet, immer wieder an den vorhandenen Risiken zu arbeiten.

Praxistipps von Psyma

Von Christina Eisenschmid, Managing Director, Psyma Group AG
Die Psyma Group AG ist das größte inhabergeführte Marktforschungsinstitut in Deutschland. Mit qualitativen und quantitativen Methoden forschen wir in über 40 Ländern weltweit. Wir finden für jeden Forschungsbedarf methodisch und inhaltlich die passende Lösung und setzen dabei auf innovative, aber bewährte Verfahren und Technologien. So kommen wir zu validen Ergebnissen und umsetzbaren Erkenntnissen. Aus all dem ergibt sich das Unternehmensmotto: *Passionate People. Creative Solutions.*

Die Weiterentwicklung der Markenwerte – externe Sicht
Wir gehen davon aus, dass Sie die Markenwerte und die Markenidentität bereits festgelegt haben. Befragen Sie nun Kunden und Zielkunden (Personen, die Ihre Marke im Moment noch nicht nutzen, aber aus Unternehmenssicht interessant und ertragsstark sind) mit einem qualitativen Erhebungsansatz, wie sie die Marke aktuell im Hinblick auf diese Markenidentitätskriterien wahrnehmen.[13]

Bei den Konsumenten sind dabei folgende Aspekte interessant:

- Welche grundsätzlichen Bedürfnisse haben sie im Kontext der Produkte und Services Ihres Unternehmens?
- Wie nutzen sie entsprechende Produkte und Services in ihrem Alltag?
- Welchen emotionalen End-Benefit muss die Produkt-/Servicekategorie Ihres Unternehmens erfüllen?
- Wie werden Ihre Marke und die wichtigsten Wettbewerber wahrgenommen?
- Welche Stärken und Schwächen hat die Wahrnehmung Ihrer Marke im Vergleich zu Ihren wichtigsten Wettbewerbern?
- An welchen Kontaktpunkten in der Customer Journey wird Ihre Marke als besonders attraktiv erlebt, an welchen Kontaktpunkten ist Ihr Wettbewerb besser?
- Welche Anforderungen haben Ihre (potenziellen) Kunden für die Zukunft?
- Wie müssen sich Marken in Ihrem Produkt-/Serviceumfeld auf die Zukunft vorbereiten?
- Welche Änderungen Ihres aktuellen Markenbilds wären glaubwürdig?
- Welche Blind Spots (bisher nicht abgedeckte Bedürfnisse im Markt) gibt es, die Sie erfolgreich besetzen könnten?
- Wie ticken aktuelle Kunden und Nicht-Kunden Ihrer Marke?
- Welche Hebel ergeben sich daraus für die Akquisition von Neukunden?
- Welche Markenwerte finden sowohl loyale als auch potenzielle Kunden interessant?

Die Ergebnisse werden wie bei der Entwicklung der Markenidentität verdichtet und es wird eine erste Skizze des externen Markenleitbilds erstellt.

Die Weiterentwicklung der Markenwerte – interner Implementierungsworkshop

Sie initiieren jetzt einen internen Implementierungsworkshop, auf dem die Marktbefragungsergebnisse vorgestellt werden, die dann mit Ihrer internen Sicht gespiegelt werden. So werden etwaige Differenzen zwischen Innen- und Außensicht deutlich und Sie können gemeinsam erarbeiten, wie sich beide Welten zu einer tragfähigen Markenidentität vernetzen lassen.

---

[13] Lassen Sie sich von einem professionellen Marktforschungsinstitut einen Vorschlag erarbeiten, wie viele Kreativworkshops und/oder ethnografische Interviews man mit aktuellen Kunden und Zielkunden durchführt.

Unter Definition klarer Verantwortlichkeiten sollte dann innerhalb eines fest definierten Zeitrahmens ein konkreter und realistischer Termin festgelegt werden, wie die eventuell vorhandenen Lücken (Gaps) geschlossen werden können oder ob an bestimmten Grundaussagen Änderungen vorgenommen werden müssen, da sie z. B. nicht eingehalten werden können.

Quantitative Begleitung

Jetzt muss auf Basis der finalisierten Markenidentität anhand einer größeren, repräsentativen Befragung überprüft werden, ob sich die Bedürfnisse der Kunden und ihre Wahrnehmung der Marke in der Breite auch so darstellen, wie es in den ersten Schritten herausgearbeitet wurde.[14]

Neben der grundsätzlichen Validierung der Befunde besteht die Aufgabe dieses nächsten quantitativen Schritts außerdem darin, die Key Performance Indicators zu analysieren und entlang der Customer Journey diejenigen Kontaktpunkte zu ermitteln, die besonders wichtig für eine Stärkung der Markenidentität sind. So kann dann eine Budgetallokation vorgenommen werden, bei der man stärker in die Kontaktpunkte investiert, die einen hohen Beitrag zur Zielpositionierung und der erlebten Attraktivität der Marke leisten.

Die Key Performance Indicators sind in Kap. 2 bereits beschrieben: Hier handelt es sich um die Markenwerte, die als Treiber wirken. Sie sind ausschlaggebend dafür, dass man die Marke sympathisch und begehrenswert findet und dass man sie im sozialen Umfeld weiterempfehlen würde. Um diese Treiber unter den Markenwerten zu ermitteln, führt man multivariate Analysen durch, um so Zusammenhänge zwischen der Bewertung bestimmter Markeneigenschaften und einer positiven Markenwahrnehmung zu berechnen.

Als Ergebnis dieses Schritts erhält man

- eine Validierung der definierten Markenwerte und ihrer Operationalisierungen auf breiter Ebene,
- die Key Performance Indicators, die die Attraktivität der Marke treiben,
- eine Gewichtung der Touchpoints, die für den Erfolg der Marke besonders wichtig sind, sowie die Performance der Marke an diesen Touchpoints und
- eine Validierung der qualitativ ermittelten Kundensegmentierung/-typologie auf breiter Basis.

---

[14] Lassen Sie sich hierfür von der Marktforschungsagentur einen Vorschlag für Größe und Zusammensetzung der Stichprobe und das Erhebungsformat (telefonisch, online etc.) erarbeiten.

Mit diesem Wissen können Sie konsequent Ihre Zielsetzung verfolgen: Investieren Sie besonders in die Stärkung der Markenwerte, die bei den (Ziel-)Kunden die Gesamtattraktivität der Marke steigern – vor allem in den Kanälen, die Ihrer Zielgruppe besonders wichtig sind.

Regelmäßiges Marken-Monitoring und Balanced Scorecard
Um zu überprüfen, ob die Marke „on Strategy" ist, wird in der Regel eine kontinuierliche Befragung aufgesetzt – dabei ist ein jährlicher Turnus ein gängiger Rhythmus.

Wenn man dieses regelmäßige Messverfahren möglichst einfach und kosteneffizient gestalten möchte, kann man z. B. nur noch auf die relevanten Zielgrößen fokussieren. Man misst also die Leistungsstärke nicht mehr für alle Markenwerte und alle Kanäle, sondern nur noch für die Key Performance Indicators und die Kontaktpunkte/Kanäle, die sich in der vorausgegangenen Untersuchung als besonders wichtig erwiesen haben. Dadurch wird das Erhebungsinstrument kürzer und im Handling weniger aufwendig. Auch die Analysen sollten in dieser Phase standardisiert und unkompliziert sein, z. B. durch ein automatisiertes Online-Reporting und/oder ein KPI-Dashboard.

Mit dem Balanced-Scorecard-Prinzip soll das Tracking überprüfen, ob man vorher definierte Zielwerte erreicht, das heißt, ob die verschiedenen Marketingaktivitäten zur Stärkung der Markenpositionierung in die richtige Richtung gehen und erfolgreich sind.

Ausblick
Es empfiehlt sich, in einem etwa dreijährigen Turnus zu überprüfen, ob die Operationalisierung der Markenwerte noch dem aktuellen Zeitgeist entspricht. Das heißt: Verstehen die (potenziellen) Kunden heute unter „innovativ" speziell für mein Marktumfeld noch dasselbe wie vor drei Jahren? Zu diesem Zweck empfehlen wir, die ersten beiden Schritte nach ca. drei Jahren noch einmal zu wiederholen.

4.10   Risikomanagement

„Was hat Risikomanagement mit Marke zu tun?", werden Sie beim Lesen der Überschrift denken. Eine ganze Menge! Ein mangelhaftes und reaktives Risikomanagement hat Konsequenzen für die Geschäftsleitung (vgl. Seulen 2015) und Auswirkungen auf das Unternehmen insgesamt, denn es schadet dem Markenimage und den damit verbundenen Markenmehrwert eines Produkts. Die Manipulationen des ADAC-Autopreises „Gelber Engel", die A-Klasse von Mercedes, die in der Einführungsphase beim Elchtest scheiterte, und der markenübergreifende Abgasskandal sind nur einige prominente Beispiele dafür. Für uns ist Markenmanagement ohne ein systematisches Risikomanagement schlicht undenkbar. Wir haben Ihnen zu diesem Faktor in Kap. 3 folgende Fragen gestellt:

• Werden die Stärken und Schwächen der eigenen Marke regelmäßig überprüft und daraus Verbesserungsmaßnahmen abgeleitet?
• Analysieren Sie regelmäßig die Marken- und Unternehmensrisiken und dokumentieren Sie die Maßnahmen zur Risikominimierung?

▶ „Unter Risikomanagement wird die Messung und Steuerung aller betriebswirtschaftlichen Risiken unternehmensweit verstanden. Unternehmerisches Risiko bedeutet allgemein ein Wagnis, das man eingeht, wenn man einer unternehmerischen Tätigkeit nachgeht. Solche Frühwarnsysteme sind von extremer Bedeutung für die Existenz des Unternehmens. Dennoch werden sie insbesondere von kleinen Unternehmen nicht ausreichend bzw. gar nicht genutzt. Viele Firmen konzentrieren sich zu sehr auf die internen Risiken, etwa auf den Cash Flow oder die Umsatzrendite. Dabei ist die Berücksichtigung externer Risiken wie die Kundenwünsche oder die Marktentwicklung enorm wichtig, denn diese bilden die Grundlage des Geschäfts. Das Unternehmen sollte die Phasen Erkennen, Bewerten, Handeln und Lernen durchlaufen und die aus Fehlern erlernten Erkenntnisse in diesen Kreislauf einfließen lassen, um sich dadurch vor Krisen schützen zu können. Ein gutes Risikomanagementsystem bildet die individuellen Strukturen des Unternehmens ab." (Werner 2014)

In allen Bereichen einer Organisation gibt es Risiken. Jede Organisation hat besondere Verpflichtungen, die im gesetzlichen Rahmen geregelt sind und die als Begründung für ein Risikomanagement dienen, wie es viele Normen – wie z. B. die ISO 9001:2015 – explizit einfordern. Jedes Vergehen kann zu einem Marken-GAU führen. Mitunter gehen damit hohe Strafzahlungen und sogar strafrechtliche Konsequenzen einher. Da Unternehmen heutzutage sehr stark im Fokus der Öffentlichkeit stehen, hat dies empfindliche Folgen für die Marke – bis hin zum Totalverlust.

Je größer die vorhandenen Risiken in Verbindung mit den angebotenen Produkten und Dienstleistungen sind, desto zwingender wird die Notwendigkeit der Einführung eines Risikomanagements, um die Erfüllung der Versicherungspflichten oder zur Vermeidung der Geschäftsführerhaftung nachweisen zu können.

Nicht nur die allgemeine Unternehmensführung, sondern speziell die Markenführung sollte das Risikomanagement annehmen und um die Markenthemen erweitern. Ein Risikomanagement besteht in vereinfachter Form aus zwei Teilen:

1. Zum einen umfasst ein Risikomanagement eine **grundlegende Analyse**, bei der vorhandene Risiken erkannt und bewertet werden, sowie die Ableitung/Festlegung vorbeugender Maßnahmen zur Risikominimierung.
2. Zum anderen muss **in regelmäßigen Abständen** oder bei Eintreten bestimmter Ereignisse (z. B. problematische Zwischenfälle) eine **Aktualisierung** der Analyse und der festgelegten Maßnahmen erfolgen. Dies kann im Rahmen eines internen Audits oder bei der Managementbewertung erfolgen. In diesem Sinne muss auch sichergestellt werden, dass bei Bekanntwerden neuer Risiken (Marktbeobachtung und eigene Erfahrungen) unverzüglich die grundlegende Analyse entsprechend ergänzt wird und neue Maßnahmen zur Risikoreduktion eingeführt werden.

Umsetzungsziel/Prozessvorschlag
Führen Sie regelmäßig eine Marken-Risikoanalyse in fünf Schritten durch:

1. Zerlegen Sie das Produkt oder Ihren Dienstleistungsprozess in Teile oder gliedern Sie nach Funktions- oder Gebrauchsmerkmalen, die Sie getrennt voneinander untersuchen.
2. Sammeln Sie mögliche Risiken in Form von Kombinationen aus Fehlerursache und Fehlerfolge.
3. Bewerten Sie diese Fehlerursache und Fehlerfolge-Kombinationen anhand der drei Kriterien Auftretenswahrscheinlichkeit (A), Bedeutung (B) und Entdeckungswahrscheinlichkeit (E).
4. Legen Sie Maßnahmen zur Risikominimierung fest. Die festgelegten Maßnahmen sollten sinnvollerweise in Arbeits- oder Gebrauchsanweisungen oder in Abfragen in Formblättern einfließen, um den sorgsamen Umgang mit dem Risiko jederzeit nachweisen zu können.
5. Bewerten Sie anschließend das Risiko erneut, wenn Ihre Maßnahmen eingeführt sind. Jetzt sollte das Risiko (deutlich) gesunken sein.

Im Rahmen eines internen Audits oder der Managementbewertung sollte dann mindestens einmal pro Jahr die grundlegende Analyse auf Sinn und Aktualität geprüft werden. **Risikomanagement bedeutet, immer wieder an den vorhandenen Risiken zu arbeiten.**
    Im Folgenden finden Sie eine Auswahl von möglichen Praxisfragen und Risikothemen für Ihre ganz persönliche Analyse.

Berücksichtigung (möglicher) zukünftiger Trends
Versuchen Sie, ein wenig in die Zukunft zu schauen und fragen Sie sich:

- Sind zielgruppenrelevante gesellschaftliche und wirtschaftliche Megatrends (z. B. Demografie, Einkommensentwicklung, Export, Devisen, Zinsen) bekannt oder erwartet?
- Welche technologischen Entwicklungstendenzen sehen Sie?

Einhaltung gesetzlicher Regelungen und ethischer Standards
In Bezug auf Gesetze, Richtlinien und ethische Grundsätze, sollten Sie sich außerdem folgende Fragen stellen:

- In welchem regulatorischen Umfeld (relevante Gesetze, Verordnungen, EU-Richtlinien, Umweltschutzbestimmungen) bewegt sich das Unternehmen?
- Achten Sie bei all Ihren Aktivitäten auf die Einhaltung der Gesetze und Ihrer berufsständischen Normenwerke?
- Lassen Sie sich im Vorfeld kompetent rechtlich beraten, wenn Sie sich über die Zulässigkeit bestimmter Aktivitäten unsicher sind, und dokumentieren Sie dies?
- Haben Sie die für Ihr Unternehmen erforderlichen Genehmigungen und Anmeldungen (z. B. Gewerbe, Handelsregister)?
- Achten Sie auf die Einhaltung der Vorschriften des Umweltschutzes, insbesondere auf die Reinhaltung von Boden, Gewässern und Luft sowie Lärmvermeidung?
- Beachten Sie die datenschutzrechtlichen Vorschriften?
- Beachten Sie die Vorschriften zur Arbeitsstättenverordnung und die Richtlinien der Berufsgenossenschaft?
- Unterlassen Sie Absprachen mit anderen Unternehmen (z. B. über Preise), wenn durch die Absprachen der Wettbewerb beschränkt wird?
- Unterlassen Sie es, eine mächtige Stellung im Markt dazu auszunutzen, andere Unternehmen unfair zu behandeln?
- Achten Sie bei all Ihren Aktivitäten – besonders bei Werbemaßnahmen – auf deren Lauterkeit im Sinne des Wettbewerbsrechts?
- Achten Sie bei all Ihren Aktivitäten auf die Einhaltung der ethischen Grundsätze?
- Achten Sie darauf, dass Ihr Unternehmen fremde Leistungsschutzrechte (z. B. Patente, Marken, Urheberrechte) und Nutzungsrechte nicht verletzt? Und achten Sie darauf, dass niemand die eigenen Leistungsschutzrechte (z. B. Patente, Marken, Urheberrechte) und Nutzungsrechte Ihres Unternehmens verletzt?
- Haben Sie den Gesellschaftsvertrag und gegebenenfalls Abänderungen des Gesellschaftsvertrags zusammen abgelegt? Sind die Verträge auf dem aktuellen Rechtsstand (Steuergesetze/Bürgerliches Gesetzbuch/Handelsgesetzbuch/ aktuelle Rechtsprechung des Bundesfinanzhofs und des Bundesgerichtshofs)?

- Kennen Sie die gesetzliche Regelung der Einlage- bzw. Beitragspflicht? Falls diese nicht zweckmäßig für Ihr Unternehmen ist: Haben Sie im Gesellschaftsvertrag abweichende Regelungen im zulässigen Rahmen getroffen?
- Kennen Sie die gesetzlichen Regelungen der Haftungsverteilung und der Gewinn- und Verlustbeteiligung? Falls diese nicht zweckmäßig für Ihr Unternehmen sind: Haben Sie im Gesellschaftsvertrag abweichende Regelungen im zulässigen Rahmen getroffen?
- Kennen Sie die gesetzliche Regelung der internen Geschäftsführungsbefugnis? Falls diese nicht zweckmäßig für Ihr Unternehmen ist: Haben Sie im Gesellschaftsvertrag abweichende Regelungen im zulässigen Rahmen getroffen?
- Beachten Sie bei der Erstellung von Verträgen alle Formerfordernisse und Vorschriften?
- Achten Sie bei der Niederschrift des Vertragsinhalts auf eine genaue, vollständige und für beide Vertragsparteien gleich verständliche Beschreibung des jeweiligen Leistungsgegenstands?
- Haben Sie eine Vorlage für Ihre Allgemeinen Geschäftsbedingungen, die auf ihre Rechtswirksamkeit überprüft worden ist?
- Achten Sie auf die ordnungsgemäße Einbeziehung Ihrer Allgemeinen Geschäftsbedingungen bei Vertragsschluss?
- Berücksichtigen Sie gegenüber Verbrauchern die geltenden Verbraucherschutzvorschriften?
- Belehren Sie Verbraucher ordnungsgemäß über ihr gesetzliches Widerrufsrecht einschließlich dessen Folgen und dokumentieren Sie dies so, dass Sie es nachweisen können?
- Vermeiden Sie Diskriminierungen, die nach dem Allgemeinen Gleichbehandlungsgesetz (AGG) unzulässig sind, und dokumentieren Sie dies? Haben Sie dazu einen AG-Beauftragten für das Unternehmen benannt?
- Achten Sie bei Kündigungen gegenüber Arbeitnehmern auf den Kündigungsschutz, die Schriftform und die Beweisbarkeit des Zugangs?
- Haben Sie eine Übertragung der Rechte mit Ihren Entwicklern vereinbart?
- Wurde zusätzlich eine Risiko-Rahmenanalyse für neue Bereiche durchgeführt, die die wesentlichen Themen und Risiken erfasst und die jeweilig anzuwendenden Normen/Richtlinien klärt?

Achtsamer Umgang mit Mitarbeitern
Denken Sie daran – Ihre Mitarbeiter sind Ihr wichtigstes Kapital. Entscheidend sind hinsichtlich des Risikomanagements also folgende Punkte:

- Fühlt sich die Organisation für den präventiven Arbeitsschutz und Sicherheit verantwortlich und ist dies dokumentiert?

- Sorgen Sie für ein Programm, das die Mitarbeiter in der Entwicklung und Gesundheit (inkl. psychischer Gefährdungsbeurteilung) fördert?

Klar geregelte interne Prozesse
Betriebsinterne Prozesse können ebenfalls entscheidende Stellschrauben für die Risikominimierung sein. Fragen Sie sich:

- Haben Sie für das Unternehmen einen klaren Prozess (datensicher, rechtskonform) für die Phase vom ersten Kundenkontakt über den erfolgreichen Kauf bis zum After-Sales-Programm entwickelt?
- Sorgen Sie dafür, dass potenzielle Lieferanten, Partner und Fortbildungsmöglichkeiten systematisch ausgesucht und kontinuierlich bewertet werden?
- Sorgen Sie dafür, dass das Unternehmen einen achtsamen Umgang mit Geld/ Ressourcen pflegt und planen Sie Sicherheitsreserven im Hinblick auf eine Risikovorsorge inkl. Notfallplan ein?
- Kennzeichnen Sie die im Arbeitsablauf entstandenen Aufzeichnungen eindeutig und archivieren Sie sie unter Berücksichtigung der gesetzlichen Anforderungen?
- Lassen sich regelmäßig und systematisch Korrektur- und Vorbeugungsmaßnahmen im Unternehmen ableiten, die zu Verbesserungen führen?
- Kommunizieren Sie wichtige Entscheidungen und Risiken an die entsprechenden Stellen innerhalb und außerhalb des Unternehmens? Speziell für die GmbH: Informieren Sie die Gesellschafter möglichst umfassend über die Tätigkeit der Geschäftsführer und der Gesellschaft?
- Informieren Sie sich regelmäßig über die Produkte und Dienstleistungen, insbesondere hinsichtlich deren Sicherheit und Ungefährlichkeit, dokumentieren Sie dies, lassen Sie sich eventuelle Schadensmeldungen vorlegen, werten Sie diese aus und leiten Sie ggf. Maßnahmen ein?

Sorgfältiger Umgang mit den finanziellen Mitteln des Unternehmens
Prüfen Sie regelmäßig, wie es um Ihre finanziellen Mittel bestellt ist:

- Gehen Sie höchst sorgfältig mit dem Vermögen des Unternehmens um und vermeiden Sie risikoreiche Geschäfte?
- Achten Sie auf Kapitalaufbringung und Kapitalerhaltung? (Diese Frage betrifft nur die GmbH, sollte aber auch für jedes andere Unternehmen gelten.)
- Achten Sie darauf, dass Ihr Unternehmen auch in Krisenzeiten seine Steuern und die Sozialversicherungsbeiträge rechtzeitig bezahlt?
- Im Krisenfall: Ergreifen Sie unverzüglich geeignete Sanierungsmaßnahmen, indem Sie eine Überschuldungsbilanz erstellen und fortschreiben sowie

eine Fortführungsprognose stellen – ggf. zusammen mit einem externen Sanierungsberater?

Pflege der Kundenbeziehungen
Wir erläuterten schon die wichtigen Punkte Kundentreue und -loyalität. Wie also sehen Ihre Kundenbeziehungen bezüglich des Risikomanagements aus?

- Haben Sie eine attraktive Preisstrategie festgelegt, werden die Konditionen transparent kommuniziert und gibt es wenige Reklamationen?
- Lassen Sie die Kundenzufriedenheit (Daten über Kundenbeziehung, -betreuung, -bindung, -wünsche) laufend ermitteln?
- Sorgen Sie dafür, dass das Unternehmen unterschiedliche Methoden und Wege (Website, Mailing, Videos etc.) systematisch, aber auch rechtskonform nutzt?

Welche Auswirkungen mangelndes Risikomanagement – gepaart mit Verstößen gegen das Arbeitsschutzgesetz – haben kann, zeigt das Beispiel von Müller-Brot, der zeitweise größten deutschen Bäckerei.

Beispiel Müller-Brot

In der Großbäckerei Müller-Brot wurden bei mehreren Kontrollen zwischen 2009 und 2012 gravierende Hygienemängel festgestellt. Wiederholt wurden Waren zurückgerufen und hohe Bußgelder verhängt. Das Bäckereimanagement stufte die Mängel jedoch als unbedenklich ein und versäumte es, die notwendigen Maßnahmen zu ergreifen. Im Januar 2012 wurde ein Produktionsstopp verhängt, wenige Wochen später stellte das Unternehmen einen Insolvenzantrag. Mehr als 1.250 Mitarbeiter verloren ihren Job, drei ehemalige Manager wurden zu Bewährungsstrafen verurteilt und die Marke war unwiderruflich am Ende (vgl. Schweikl 2016; nck/dpa 2016).

4.11   Zusammenfassung

In Abb. 4.4 haben wir für Sie nochmal alle entscheidenden Markenbildungsfaktoren und Komponenten des Markenkerns dargestellt. Unser Wunsch an Sie: Verinnerlichen Sie diese Darstellung! Sie wird Ihrer Marke zu mehr Erfolg verhelfen.

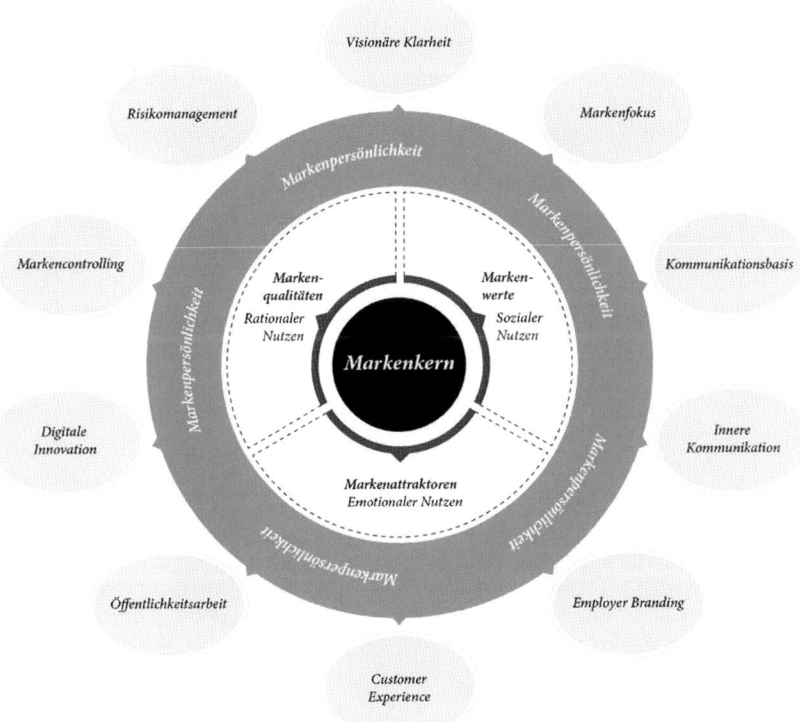

Abb. 4.4 Übersicht der Markenerfolgsfaktoren. (Quelle: stilbezirk)

Ihr Transfer in die Praxis

- Bei welchen der Markenbildungsfaktoren gibt es in Ihrem Unternehmen noch Verbesserungsmöglichkeiten?
- Lesen Sie sich den entsprechenden Abschnitt noch einmal durch.
- Notieren Sie die Punkte, an denen Sie Defizite erkennen und erstellen Sie eine To-do-Liste.
- Priorisieren Sie die einzelnen Punkte und arbeiten Sie die Liste sukzessive ab.
- Prüfen Sie in regelmäßigen Abständen, ob Ihre Marke an allen Punkten gut aufgestellt ist.

Literatur

Aaker, D. 1992. *Management des Markenwerts.* Frankfurt am Main: Campus.

Aaker, D., F. Stahl, und F. Stöckle. 2015. *Marken erfolgreich gestalten. Die 20 wichtigsten Grundsätze der Markenführung.* Wiesbaden: Springer Gabler.

Aaker, J. L. 1997. Dimensions of Brand Personality. *Journal of Marketing Research* 34(3):347–356.

Audi. 2015. Audi VR experience: das Autohaus im Aktenkoffer (15.01.2015), https://www.audi-mediacenter.com/de/pressemitteilungen/audi-vr-experience-das-autohaus-im-aktenkoffer-409, zugegriffen: 24. Febr. 2017.

Bruch, H., und B. Vogel. 2009. *Organisationale Energie. Wie Sie das Potenzial Ihres Unternehmens ausschöpfen.* Wiesbaden: Springer Gabler.

Chaudhuri, A., und M. B. Holbrook. 2001. The Chain of Effects from Brand Trust and Brand Affect to Brand Performance. *Journal of Marketing* 65: 81–93.

College, L. (o. J.). The art of trend jacking, http://www.copypress.com/blog/art-trend-jacking/. zugegriffen: 24. Febr. 2017.

De Shazer, S. 2015. *Der Dreh: Überraschende Wendungen und Lösungen in der Kurzzeittherapie.* 13. Aufl. Heidelberg: Carl Auer.

DGUV (o. J.). DGUV Vorschrift 2, http://www.dguv.de/de/praevention/vorschriften_regeln/dguv-vorschrift_2/index.jsp. zugegriffen: 09. März. 2017.

Dowideit, M. 2017. Bot(e) treibt für Sparkassen das Geld ein (07.02.2017), http://www.handelsblatt.com/unternehmen/banken-versicherungen/werbekampagne-fuer-kwittbote-treibt-fuer-sparkassen-das-geld-ein/19358868.html. zugegriffen: 24. Febr. 2017.

Employer Branding now. (o. J.). Kununu - Employer Branding Wiki, http://www.employer-branding-now.de/employer-branding-wiki-lexikon/kununu-employer-branding-wiki. zugegriffen: 22. Febr. 2017.

Engelkenmeier, U. 2012. Strategische Markenkommunikation – zielgerichtet zum Erfolg. In: *Praxishandbuch Bibliotheks- und Informationsmarketing.* Hrsg. U. Georgy and F. Schade, 393–418. München: De Gruyter Saur.

Ennis, G. 2014. Social media #fails and how to avoid them. 22. Oktober. https://www.nsdesign.co.uk/social-media-fails-and-how-to-avoid-them/. zugegriffen: 24. Febr. 2017.

Esch, F.-R., T. Möll, und J. E. Rempel. 2004. Erfolgswirkungen strategischer Markenführung. In: *Integriertes Marken- und Kundenwertmanagement.* Hrsg. B. W. Wirtz und O. Göttgens, 131–160. Wiesbaden1: Gabler.

Fischer, T. A. 2017. Markengeschichte schafft Vertrauensmarken. In: *Brand the Future. Systematische Markenentwicklung im B2B.* Hrsg. T. Gey, 49–59. Wiesbaden: Springer Gabler.

Gallup (o. J.). Q12 Employee Engagement, http://www.gallup.de/182567/q12-employee-engagement.aspx zugegriffen: 22. Febr. 2017.

Gey, T. 2017. Nichtzufällige Gedankenspiele. In: *Brand the Future. Systematische Markenentwicklung im B2B.* Hrsg. T. Gey, 69–80. Wiesbaden: Springer Gabler.

Gillies, J.-M. 2002. Olympische Spiele. https://www.brandeins.de/wissen/mck-wissen/branding/olympische-spiele/. zugegriffen: 17. Febr. 2017.

Gruppe Nymphenburg Consult AG. (o. J.). http://www.nymphenburg.de/markenstrategie-markenberatung.html. zugegriffen: 17. Febr. 2017.

Ilg, P. 2017. Vorsprung durch Virtual Reality. 24. Januar. http://www.zeit.de/mobilitaet/2017-01/audi-virtual-reality-autohaus-vertrieb-verkaufsprozess. zugegriffen: 24. Febr. 2017.

INQA. (o. J.). Der Leitfaden zum Screening Gesundes Arbeiten – SGA. Physische und psychische Gefährdungen erkennen – gesünder arbeiten!, http://www.inqa.de/DE/Angebote/Publikationen/leitfaden-screening-gesundes-arbeiten-sga.html. zugegriffen: 21. März. 2017.

Janszky, S. G. (o. J.). Trendstudie Kundendialog 2020, http://www.2bahead.com/studien/trendstudie/detail/trendstudie-kundendialog-2020/. zugegriffen: 24. Febr. 2017.

Kim, W. C., und R. Mauborgne. 2005. *Der Blaue Ozean als Strategie: Wie man neue Märkte schafft, wo es keine Konkurrenz gibt.* München: Carl Hanser Verlag.

KLM Royal Dutch Airlines. 2016. KLM on Messenger. 30. März. https://www.youtube.com/watch?v=PGLASey3MAE. zugegriffen: 24. Febr. 2017.

Kobjoll, K. 2012. Wie entsteht Stolzkultur in einem Unternehmen?, http://blog.kobjoll.de/2012/06/26/wie-entsteht-stolzkultur-in-einem-unternehmen/. zugegriffen: 21. Febr. 2017.

Kollmann, T. 2015. Die 3 größten Baustellen der Digitalen Wirtschaft. 02. März.. http://www.huffingtonpost.de/tobias-kollmann/baustellen-digitale-wirtschaft_b_6778040.html. zugegriffen: 24. Febr. 2017.

Kugler, S. 2005. *Das Alchimedus-Prinzip: Die ganzheitliche Unternehmerstrategie.* Zürich: Orell Füssli.

Mäder, R. 2005. *Messung und Steuerung von Markenpersönlichkeit. Entwicklung eines Messinstruments und Anwendung in der Werbung mit prominenten Testimonials.* Wiesbaden: Deutscher Universitätsverlag

McDermott, J. (o. J.). Trend-jacking: 3 golden rules, http://buchanwe.com.au/trend-jacking-3-golden-rules/. zugegriffen: 24. Febr. 2017.

mission<one>. (o. J.). Kundenbindung für zufriedene Kunden, http://www.mission-one.de/kompetenzen/kundenbindung/. zugegriffen: 24. Febr. 2017.

Naujokat, T. (o. J.). Eine ausführliche Definition: Was ist Customer Experience Management?, https://www.pinuts.de/blog/webstrategie/definition-customer-experience-management. zugegriffen: 24. Febr. 2017.

nck/dpa. 2016. Bewährungsstrafen nach Ekelskandal bei Müller-Brot. 30. September. http://www.spiegel.de/wirtschaft/bewaehrungsstrafen-nach-ekelskandal-bei-muellerbrot-a-1114749.html. zugegriffen: 22. Febr. 2017.

Paul, J., und F. Schade. 2015. Markenkommunikation. 03. Juni. http://www.bibliotheksportal.de/themen/marketing/markenentwicklung-und-kommunikation/markenkommunikation.html. zugegriffen: 21. Febr. 2017.

Ruf, M. 2013. Archetypen Teil 1. 04. Juli. http://www.der-markenblog.com/archetypen-teil-1/201307795. zugegriffen: 17. Febr. 2017.

Sackmann, S. A., M. E. Phillips, M. J. Kleinberg, und N. A. Boyacigiller. 1997. Single und multiple cultures in international cross-cultural management research. In: *Cultural complexity in organizations: inherent contrasts and contradictions.* Hrsg. S. A. Sackmann, 14–48. Thousand Oaks: Sage Publications.

Sasse, R.. 2013. *Biografie kompakt – Michelangelo.* Berlin: epubli GmbH.

Schmitz, S. 2010. Was gehört zu einem Corporate Design. 26. März. http://blog.wildefreunde.de/susanne-schmitz/was-gehort-zu-einem-corporate-design/. zugegriffen: 21. Febr. 2017.

Schweikl, C. 2016. Der Niedergang einer Großbäckerei. (28. September. http://www.br.de/nachrichten/muellerbrot-skandal-chronologie-100.html. zugegriffen: 22. Febr. 2017.

Seulen, G. 2015. Unwissen schützt den VW-Vorstand nicht. 25.September. http://www.manager-magazin.de/unternehmen/autoindustrie/abgasskandal-warum-der-vw-vorstand-haftbar-ist-a-1054753.html. zugegriffen: 22. Febr. 2017.

Springer Gabler Verlag, Hrsg. 2017. Gabler Wirtschaftslexikon. Stichwort: Employer Branding, http://wirtschaftslexikon.gabler.de/Archiv/596505812/employer-branding-v3.html. zugegriffen: 21. Febr. 2017.

Steimle, J. 2017. 5 digital marketing trends that will die in 2017. 12. Januar. http://mashable.com/2017/01/12/5-digital-marketing-trends-that-will-die-in-2017/?utm_cid=mash-com-fb-main-link#fDWJJTDPbSqu. zugegriffen: 24. Febr. 2017.

Theobald, T. 2017. Jägermeister hat den ersten rappenden Chatbot. 13.Februar.) http://www.horizont.net/agenturen/nachrichten/La-Red-Jaegermeister-hat-den-ersten-rappenden-Chatbot-146045. zugegriffen: 24. Febr. 2017.

unternehmensWert:Mensch. (o. J.). Vier zentrale Handlungsfelder: http://www.unternehmens-wert-mensch.de/das-programm/unsere-handlungsfelder/. zugegriffen: 21. Febr. 2017.

VAUDE. (o. J.). Nachhaltiges Wirtschaften lohnt sich, http://nachhaltigkeitsbericht.vaude.com/gri/vaude/nachhaltiges-wirtschaften.php. zugegriffen: 06. März. 2017.

Wala, H. H. 2016. *Meine Marke: Was Unternehmen authentisch, unverwechselbar und langfristig erfolgreich macht* 8. Aufl. München: Redline Verlag.

Werner, A. 2014. Risikomanagement - Definition und Bedeutung. 30.Mai. https://www.controllingportal.de/Fachinfo/Risikomanagement/Risikomanagement-Definition-und-Bedeutung.html. zugegriffen: 22. Febr. 2017.

Weiterführende Literatur

IFQU: http://ifqu.de/auszeichnung/. zugegriffen: 22. Febr. 2017.

YouTube: https://www.youtube.com/user/caseyneistat/about. zugegriffen: 24. Febr. 2017.

Awards, Preise und Gütesiegel 5

Wie Auszeichnungen als Marketinginstrument wirken können, steht im Fokus dieses Kapitels. Allerdings sollten Unternehmer bei der Auswahl eines Gütesiegels mit Bedacht vorgehen, denn die Wahl des falschen Labels kann das Markenimage nachhaltig beschädigen. Die Bewertungskriterien können Markenmanager selbst erarbeiten, aber auch der Markt bietet Bewertungshilfen an.

Was Sie aus diesem Kapitel mitnehmen

- Leitfragen und Tipps zur Auswahl der passenden Auszeichnung für Ihre Marke
- Einen Überblick über verschiedene Corporate-Social-Responsibility-Systeme

5.1 Gütesiegel als Marketinginstrument

Ambitionierte Unternehmen und Marken schmücken sich gerne mit Preisen, Auszeichnungen, Gütesiegeln oder sonstigen Awards, stellen sie doch eine äußere Anerkenntnis der eigenen Professionalität, Leistung und Attraktivität dar, die man obendrein auch markenwirksam einsetzen kann, um mehr Aufmerksamkeit zu erhalten und sein Image zu verbessern.

Sich als (Marken-)Unternehmen insgesamt oder für Teilbereiche, Aktionen bzw. bestimmte Themen auszeichnen zu lassen, ist durchaus legitim und es unterstützt Marken in der öffentlichen Wahrnehmung, im Employer Branding, aber auch im Verkauf deutlich.

© Springer Fachmedien Wiesbaden GmbH 2018
S. Kugler, H. von Janda-Eble, *Markenmanagement mit System*,
https://doi.org/10.1007/978-3-658-16225-2_5

Nun gibt es Gütesiegel, Auszeichnungen und Awards wie Sand am Meer. Daher ist es unverzichtbar, sich einen klaren Überblick darüber zu verschaffen, welche Auszeichnung der Mühe lohnt und seriös ist, um eine gezielte Auswahl treffen zu können, die zur eigenen Marke und vor allem der Markenbotschaft passt. Oftmals ist es weniger die Frage, ob man einen Preis bekommen kann, sondern welchen Preis man anstreben will und welches übergeordnete Marketingziel man damit verfolgt. Bei der Auswahl ist es daher wichtig, den positiven Ausgang einer Auszeichnung gedanklich vorwegzunehmen und durchzuspielen, welche neuen Chancen sich für das Unternehmen mit der Auszeichnung ergeben.

Folgende relevante Grundfragen für dieses Szenario sollten sich Unternehmen bei der Auswahl der Auszeichnungen stellen:

- Bietet die Auszeichnung einen relevanten Markennutzen für mich?
- Sind die Anbieter der Auszeichnung frei von Eigeninteressen und wollen nicht eher an der Bekanntheit unserer Marke partizipieren?
- Läuft der Prozess der Auszeichnung nach integren und transparenten Kriterien ab?
- Ist die Auszeichnung langfristig angelegt und wird sie auch in Jahren noch Nutzen bringen?
- Hält die Auszeichnung ethische und fachliche Standards selbst ein?
- Verfügt die Auszeichnung über potente Referenzen, die wiederum meine Marke indirekt stärken?

5.2   Die richtige Auszeichnung wählen

Ist eine Auszeichnung handwerklich, fachlich oder ethisch nicht sauber angelegt, kann die Teilnahme daran zu einer gravierenden Schädigung des Markenimages führen. Indem sich das Unternehmen auf allen Kommunikationskanälen mit einer wertlosen Auszeichnung schmückt, die möglicherweise sogar im Kreuzfeuer der Medien steht und kritisiert wird, fällt dieses negative Image direkt und dauerhaft auf die eigene Marke zurück. In diesem Fall ist umgehend gegenzusteuern.[1]

---

[1] So wurde beispielsweise 2016 publik, dass mit „Pro Vieh" der letzte Tierschutzverein die ITW (Initiative für Tierwohl) verlassen hat (Schrot und Korn 2016). Denn durch Videos war offengelegt worden, dass die Tierhaltung in ITW-zertifizierten Betrieben katastrophal war. Die ITW zielt nach Ansicht der Tierschützer eher darauf ab, Audits für Betriebe möglichst kostengünstig durchzuführen, anstatt – wie es der eigentliche Grundgedanke der Initiative ist –, das Wohl der Tiere in den Fokus zu stellen. Die Entscheidung des Tierschutzvereins, die Initiative zu verlassen, ist im Sinne des Imageschutzes absolut richtig und geradezu zwingend erforderlich, um die eigene Glaubwürdigkeit in der Öffentlichkeit zu wahren.

Auf der anderen Seite stellen Auszeichnungen auch immer programmatische Aussagen dar und lenken damit die Aufmerksamkeit der Konsumenten und der Öffentlichkeit auf bestimmte Themen, die man damit in den Mittelpunkt stellt. Vorsicht ist geboten, wenn ein Unternehmen diese Themen in der Realität nur schlecht oder gar nicht erfüllt – und dies zu allem Überfluss mit einer unsauberen Auszeichnung noch unterstreicht. Gerade in den Social Media bzw. auf Bewertungsplattformen schlagen sich solch elementare unternehmerische Fehler sofort mit großer Vehemenz nieder. Diesen ersten Impuls – nämlich eine Auszeichnung anzustreben – aus Markenmanagementsicht kritisch zu hinterfragen, ist also durchaus berechtigt.

Im Prinzip ist eine Auszeichnung nicht mehr als die äußere Kennzeichnung bestimmter Anforderungen, die der Teilnehmer erfüllt. Jeder Anbieter von Auszeichnungen hat ein eigenes Qualitätsempfinden und einen eigenen Qualitätsanspruch, die er als der Weisheit letzten Schluss darstellt und den Teilnehmern mehr oder weniger überstülpt. So bezeichnet sich die eine Auszeichnung als ethischer, eine andere als nachhaltiger und eine dritte als gewinnorientierter. Die Beweggründe für die Entwicklung einer Auszeichnung können lauter sein, aber auch anderen Zwecken dienen. So könnte eine Markenauszeichnung so konzipiert sein, dass sie das eigene Unternehmen oder dessen Händler etc. in der Marktwirkung unterstützt, ohne dass sie tatsächlich Qualitätskriterien einhalten müssen.

Hinzu kommt, dass ein Unternehmen, das einen Preis gewinnen will, sich der Auszeichnung konform verhalten muss und somit womöglich die eigene Markenaussage ungewollt verändert. Eventuell kommt es aus Markensicht sogar vom ursprünglichen Markenfokus ab.

▶ Wie in allen unternehmerischen Dingen gilt also auch bei Awards, Preisen und Gütesiegeln: Analysieren Sie den Anbietermarkt sorgfältig, bevor Sie sich entscheiden.

Grundsätzlich muss eine angestrebte Auszeichnung zu Markenvision und -fokus passen. Aus Markensicht kann der Markt der Auszeichnungen und Awards thematisch wie folgt gegliedert werden:

1. Auszeichnungen, die Marken in der Gänze bewerten
2. Auszeichnungen, die speziell die Unternehmensführung bewerten
3. Auszeichnungen, die bestimmte Managementleistungen oder die Umsetzung bestimmter Managementthemen bewerten, wie z. B. Employer Branding, Nachhaltigkeitsmanagement, ISO-Zertifizierung u. v. m.
4. Auszeichnungen, die einzelne Projekte, Produkte oder Aktionen bewerten, wie Innovationspreise, Werbepreise, aber auch Preise für soziales Engagement u. v. m.

Beispiel VAUDE

VAUDE, ein Hersteller für Outdoor-Sportmode im Bereich Rad- und Bergsport, spricht als Zielgruppe sportliche, naturverbundene Menschen an und hat somit das Thema Nachhaltigkeit in den Fokus seiner Markenmission gestellt. Konsequenterweise findet der Kunde den Zugang zum Nachhaltigkeitsbericht sowie die Nennung der Partner zum Thema Umwelt- und Naturschutz direkt auf der Startseite des Webauftritts. Zusätzlich erstellt VAUDE auf freiwilliger Basis eine Gemeinwohlbilanz. Wie man sieht, strebt VAUDE Auszeichnungen an, die den Kern der Marke und der Markenbotschaft berühren, und nimmt daher am Deutschen Nachhaltigkeitspreis teil, den das Unternehmen 2015 auch gewonnen hat.

In der großen Welt der verschiedenen Auszeichnungen gibt es auch unterschiedliche Güteklassen. Manche der Gütesiegel sind leicht zu erlangen, manche eher schwer. Manche sind selektiv angelegt und wollen tatsächlich nur die Besten der Besten ermitteln, andere Anbieter von Auszeichnungen sorgen sich eher um die Basisqualität.

Aus Markensicht ist hier oftmals ein Auszeichnungsmix, der verschiedene Aspekte der Marke abdeckt, sinnvoll. Auszeichnungssysteme sind auch unterschiedlich teuer; dies betrifft sowohl die externen als auch die internen Kosten zur Erfüllung der Anforderungen.

Corporate Social Responsibility und Nachhaltigkeit im Unternehmen

Ein Unternehmen möchte sich als wert- und nachhaltigkeitsorientierte Organisation öffentlichkeitswirksam darstellen, um künftig einfacher Mitarbeiter zu gewinnen und im Ganzen als authentisches Unternehmen wahrgenommen zu werden. Hinzu kommt, dass die sog. **Nachhaltigkeitsberichtspflicht** eingeführt wird.

Ab dem Geschäftsjahr 2017 müssen zahlreiche größere Unternehmen in Deutschland und der EU Daten zu Umwelt-, Sozial- und Arbeitnehmerbelangen, zur Achtung der Menschenrechte und zur Bekämpfung von Korruption bereitstellen. So fordert es die EU-Richtlinie 2014/95/EU vom 22. Oktober 2014 zur Offenlegung nicht finanzieller und die Diversität betreffender Informationen.

Diese Neuregelung gilt für etwa 6000 Unternehmen und Gesellschaften mit mehr als 500 Mitarbeitern. Indirekt werden darüber hinaus auch mittelständische Unternehmen (KMU) und Zulieferer der großen Unternehmen betroffen sein.

Es wird in der Unternehmensleitung beschlossen, das Thema professionell anzugehen: Zur Umsetzung der Anforderung werden verschiedene

CSR-Systeme, Gütesiegel und Awards angeboten. Corporate Social Responsibility (CSR) umschreibt den (freiwilligen) Beitrag der Wirtschaft zu einer nachhaltigen Entwicklung, die über die gesetzlichen Forderungen (Compliance) hinausgeht.

CSR steht für verantwortliches unternehmerisches Handeln in der eigentlichen Geschäftstätigkeit (Markt) über ökologisch relevante Aspekte (Umwelt) bis hin zu den Beziehungen mit Mitarbeitern (Arbeitsplatz) und dem Austausch mit den relevanten Anspruchs- bzw. Interessengruppen (Stakeholdern).

Leitfäden, Handlungsfelder und Zertifizierungsmöglichkeiten
Eine Vielzahl von CSR-Initiativen und -Leitfäden sind verfügbar, die eine nachhaltige Unternehmensführung unterstützen. Einige dienen als reine Selbstbewertungsansätze, andere werden sogar fremd geprüft.

All diese Regelwerke haben das Ziel, Organisationen zu motivieren, ihre ökonomische, ökologische und soziale Leistung sowie ihr Führungsverhalten und ihren Einfluss verantwortungsvoll zu managen und transparent darüber zu berichten.

Auswahlsysteme
ISO 26.000
Die ISO 26.000 ist keine zertifizierbare Managementsystem-Norm wie die ISO 9001 oder die ISO 14001, sondern ein **Leitfaden**, der Orientierung und Empfehlungen gibt, damit Organisationen als gesellschaftlich verantwortlich angesehen werden können.

In Deutschland ist diese Norm als DIN ISO 26.000 mit Ausgabedatum Januar 2011 veröffentlicht. Die Anwendung erfolgt **freiwillig**. ISO 26.000 ist weder für Zertifizierungen noch für die gesetzliche oder vertragliche Anwendung vorgesehen. Entsprechend gibt es keine Berichtspflicht, keine externe Kontrolle oder Bestätigung der Anwendung.

Global Compact
Der Global Compact der Vereinten Nationen (UN) ist ein **freiwilliges Übereinkommen** zwischen den Vereinten Nationen sowie Tausenden Unternehmen und verschiedenen Nichtregierungsorganisationen.

Um dieser Initiative beizutreten, muss ein Unternehmen eine schriftliche Beitrittserklärung an den Generalsekretär der Vereinten Nationen richten. Diese muss die Verpflichtung enthalten, die zehn Prinzipien des Global Compact umzusetzen. Die Unternehmen werden außerdem dazu angehalten, eine jährliche Fortschrittsmitteilung (Communication on Progress – COP) einzureichen.

DNK – Deutsche Nachhaltigkeitskodex
Der Deutsche Nachhaltigkeitskodex ist ein **Standard für Transparenz** in
Bezug auf das Nachhaltigkeitsmanagement von Unternehmen. Träger ist der
Rat für Nachhaltige Entwicklung.

Er schafft Verbindlichkeit durch eine vergleichbare Darstellung der unternehmerischen Verantwortung. Der DNK beschreibt in 20 Kodexkriterien und
ergänzenden Leistungsindikatoren den Kern unternehmerischer Nachhaltigkeit. In der Entsprechenserklärung berichten Unternehmen über die Erfüllung
(comply) der Kodexkriterien bzw. erklären die Abweichung (explain).

Global Reporting Initiative (GRI)
Die GRI, eine gemeinnützige Multi-Stakeholder-Stiftung, wurde 1997 von
CERES und dem Umweltprogramm der Vereinten Nationen in den USA
gegründet.

Die GRI unterstützt **Nachhaltigkeitsberichterstattung** aller Organisationen
und hat dafür einen umfassenden Rahmen für Nachhaltigkeitsberichterstattung
erarbeitet, der weltweit Anwendung findet. Der Berichtsrahmen einschließlich des Leitfadens legt die Prinzipien und Indikatoren dar, die Organisationen nutzen können, um ihre ökonomische, ökologische und soziale Leistung
zu messen.

Darüber hinaus gibt es diverse andere Systeme und Gütesiegel, teils privatwirt-
schaftlich, teils über unabhängige Stellen organisierte oder Produktlabels. Dass es
dabei nicht immer mit rechten Dingen zugeht, zeigen Negativbeispiele von Auszeichnungen wie die des ADAC und vieler anderer. Die Manipulationsvorwürfe
aus dem Jahr 2014, die durch die Süddeutsche Zeitung aufgedeckt und in Folge
vom ADAC bestätigt wurden, haben nicht nur den beliebten Preis degradiert,
sondern vor allem auch das Image des ADAC nachhaltig beschädigt.

Ein Unternehmen hat also die Qual der Wahl. Nicht zu unterschätzen sind auch
die mit den Auszeichnungsverfahren verbundenen Kosten, denn nicht selten sind
die Betreiber der Auszeichnungen (verkappte) Wirtschaftsbetriebe oder Interessen-
gemeinschaften mit einer ganz eigenen Agenda, welche mit den hehren Kriterien
des zu vergebenden Preises wenig gemein haben.

So betragen die Kosten für Employer-Branding-Preise bei manchen Systemen
null Euro, bei anderen Auszeichnungen können die Kosten deutlich höher liegen –
wie die nachfolgenden realen Beispiele zeigen:

- Größenklasse A (9 bis 100 Mitarbeiter): 7900 Euro, zzgl. Startgebühr,
- Größenklasse B (101 bis 250 Mitarbeiter): 8900 Euro, zzgl. Startgebühr,
- Größenklasse C (251 bis 500 Mitarbeiter): 9600 Euro, zzgl. Startgebühr,
- Größenklasse D (über 500 Mitarbeiter): 12.900 Euro, zzgl. Startgebühr oder sogar deutlich mehr.

Diese hohen Preise sind gute Indikatoren dafür, dass mit diesen Awards Geld verdient wird. Der Bewerber hat damit einen wirtschaftlichen Machthebel und die Wahrscheinlichkeit wird erhöht, dass dieser Hebel auch bedient wird, sei es durch vereinfachte Prüfungen, Durchwinken von bestimmten Bewerbern oder die vorrangige Behandlung einzelner Bewerber. Das muss nicht sein, kann aber sein!

Wie sieht der Auswahlprozess in den Unternehmen aus?
Oftmals wählen Unternehmen Auszeichnungen aufgrund persönlicher Präferenzen und ohne eingehende Prüfung aus. Was und wer dahintersteht und was man dafür bekommt, ist oftmals nicht transparent.

Es stellt sich die Frage: Welches der Auszeichnungssysteme wähle ich? Der Markenmanager benötigt also eine Bewertungshilfe. Sie kann selbst erarbeitet werden oder es kann auf unabhängige Bewertungssysteme und Anbieter zurückgegriffen werden.

Beispiel Label-online

Eine sehr gut durchdachte Bewertungsmatrix stellt die von **Label-online** dar, ein ständig wachsendes Informationsportal, welches zum Ziel hat, Verbraucher über Labels aller Art – und damit auch über Marken, welche von Verbrauchern als Labels wahrgenommen werden – aufzuklären und somit ein Instrument des Verbraucherschutzes darstellt.

Auf Label-online werden Label nach einer einheitlichen Matrix bewertet. Dabei wird unter anderem untersucht, wie unabhängig die Vergabe des jeweiligen Labels ist, wie die Kontrolle abläuft und wie nachvollziehbar der gesamte Prozess für Verbraucher ist. Die Bewertungsmatrix wurde von einer Vielzahl von Stakeholdern (Vertreter von Unternehmen, Verbänden, Wissenschaft und diversen Bundesministerien) und einem Beirat entwickelt.

Zu den Stakeholdern gehörten unter anderem das Bundesministerium für Arbeit und Soziales (BMAS), der Deutsche Tierschutzbund, Greenpeace, das imug Institut für Markt-Umwelt-Gesellschaft e. V., die Bundesarbeitsgemeinschaft der Senioren-Organisationen (BAGSO), RAL Deutsches Institut für Gütesicherung und Kennzeichnung e. V., das Collaborating Centre on Sustainable

Consumption and Production (CSCP), der Handelsverband Deutschland, die Verbraucherzentrale Nordrhein-Westfalen, Transfair e. V., Trusted Shops, der Rat für Nachhaltige Entwicklung, dm-drogerie markt, Galeria Kaufhof, Kaufland, die REWE Group, Nestlé Deutschland und Unilever.

Die Label-online-Bewertungsmatrix zeichnet sich durch einen sehr hohen Anspruch an Vergabekriterien, Unabhängigkeit, Kontrolle und Transparenz aus. Nicht alle neuen Labels, die auf den Markt kommen, können von Label-online bewertet werden. Verbraucher, Unternehmen, Zertifizierer und andere Interessenten können aber bei Bedarf Labels zur Bewertung vorschlagen. Es gibt allerdings keinen Anspruch auf die Aufnahme in die Datenbank.

Es lohnt sich aber, in der Label-online-Datenbank zu stöbern. Vielleicht passt zu Ihnen ein Label, das dort als „Besonders empfehlenswert" gelobt wird.

5.3   Fazit

Gütesiegel ist nicht gleich Gütesiegel. Auswertung nicht gleich Auswertung. Die Unternehmensleitung ist bei der Auswahl gefordert. Es gilt, die Intelligenz einzuschalten, bei der Auswahl gezielt vorzugehen und die Auszeichnungen kritisch zu hinterfragen.

Die Bewertungsmatrix von Label-online eignet sich beispielsweise sehr gut für die Analyse und Auswahl möglicher Auszeichnungssysteme und für eine Plausibilitätsprüfung bezüglich Seriosität und Qualitätsstandards.

Unternehmen, die an einer Auszeichnung interessiert sind, können weiterhin die Belastbarkeit von Referenzen überprüfen, welche vonseiten der Auszeichner genannt werden. Dadurch können sie sicherstellen, dass sie sich in „guter Gesellschaft" befinden. Dasselbe gilt natürlich auch für das Gütesiegel selbst. Denn mit dieser Bewertungsmatrix kann jeder Markenentscheider die passende Auszeichnung auswählen und die Risiken für die eigene Marke minimieren.

Ihr Transfer in die Praxis

- Welche Anforderungen muss ein Gütesiegel erfüllen, das zu Ihrer Marke passt?
- Was erhoffen Sie sich von dieser Auszeichnung?
- Haben Sie sich über das betreffende Gütesiegel informiert?

Letztendlich gilt: Wer Gutes tut und seine Sache gut macht, soll auch gerne mit Öffentlichkeit und Anerkennung belohnt werden. Handwerklich gut angelegte und integre Auszeichnungssysteme sind ein probates Mittel und als sekundäres Instrument für die Markenbildung zu empfehlen.

Literatur

Schrot und Korn. 2016. „Pro Vieh" steigt aus, https://schrotundkorn.de/news/lesen/meldungen-12-2016.html. zugegriffen: 16. Feb. 2017.

Weiterführende Literatur

Label-online: http://label-online.de. zugegriffen: 16. Feb. 2017.

Markenmanagementsystem

6

In diesem Kapitel stellen wir ein effektives Markenmanagementsystem vor. Zu den fünf wichtigsten Themenschwerpunkten (Basis des Markenmanagements, Struktur des Markenmanagements, Marken- und Umfeldanalyse, Markenkommunikation und Markencontrolling) finden Sie Leitfragen, Erläuterungen und einen Muster-prozess, an dem Sie sich orientieren können.

Was Sie aus diesem Kapitel mitnehmen

- Wie Sie die Basis Ihres Markenmanagements gestalten
- Wie die Struktur des Markenmanagements aussehen sollte
- Wie Sie Ihre Marke und das Umfeld richtig analysieren
- Wie Sie professionelle Markenkommunikation betreiben
- Was erfolgreiches Markencontrolling ausmacht

Die Marke als zentralen Ausgangspunkt der Unternehmensführung zu sehen, ist Anliegen unseres Buchs. Die Marke sollte im Sinne einer intendierten positiven Entwicklung des Unternehmenswerts im Mittelpunkt jeder Unternehmensausrichtung stehen. Demnach ist die Marke in diesem Sinne zu schützen, zu entwickeln und als Antriebskern für die ganzheitliche Unternehmensentwicklung zu nutzen. Um die Marke nicht den Zufällen der Marktentwicklung zu überlassen und sie stattdessen systematisch zu entwickeln, bedarf es einer Reihe von Faktoren, die in der Tradition der klassischen Qualitätsmanagementsysteme und der Kybernetik[1] stehen.

---

[1] „Kybernetik ist die Lehre von den Systemen, d. h. Gebilden, deren einzelne Teile miteinander in einer Wechselwirkung stehen (z. B. Menschen und Maschinen in einem Betrieb). Grund-

© Springer Fachmedien Wiesbaden GmbH 2018
S. Kugler, H. von Janda-Eble, *Markenmanagement mit System*,
https://doi.org/10.1007/978-3-658-16225-2_6

Managementmethoden sollen helfen, Unternehmen bestmöglich zu führen. Sie werden aber auch eingesetzt, um bestimmte Themen oder die Erreichung der spezifischen aktuellen Unternehmensziele zu steuern und zu regeln. In unserem Fall trifft beides zu – die ganzheitliche Markenentwicklung soll gesteuert werden. Managementsysteme folgen generell bestimmten und vielfach erprobten Regeln. Sie stellen also aufeinander und miteinander verbundene und abgestimmte Regeln, Verfahren, Aufgaben, Pflichten usw. dar, um systematisch die Ziele eines Unternehmens zu erreichen. Um die inhaltliche Wirksamkeit von Managementsystemen und deren Umsetzung beurteilen zu können, werden im Rahmen dieser Qualitätsmanagementsysteme sog. Audits und andere bewährte Instrumente bzw. Strukturen genutzt.

Wir machen uns diese weltweit erprobten Kriterien und Instrumente für das Thema Markenmanagement zunutze und haben Ihnen in Tab. 6.1 ein pragmatisches und effizientes Markenmanagementsystem für die Umsetzung in Ihrem Unternehmen zusammengestellt. Die Kriterien sind zunächst Schritt für Schritt im Unternehmen zu etablieren. Für die Umsetzung der Anforderungen haben wir für Sie je einen Musterprozess beschrieben, der so oder in ähnlicher Form umgesetzt werden sollte. Nehmen Sie sich die Zeit und gehen Sie die Tabelle intensiv durch – sie wird Ihnen zu weiteren, richtungsweisenden und erfolgsentscheidenden Erkenntnissen verhelfen.

Nach dem Aufbau des Markenmanagementsystems wird im Rahmen der kontinuierlichen Verbesserung die Einhaltung der Prozesse überwacht und dokumentiert. Sollte es zu Komplikationen, Fehlern und Schwachstellen kommen, sind Korrektur- und/oder Vorbeugungsmaßnahmen zu treffen, um die künftige Einhaltung zu gewährleisten. Um Betriebsblindheit vorzubeugen, ist es unbedingt empfehlenswert, den Aufbau und die Fortentwicklung extern begleiten zu lassen.

Die Anforderungen des Markenmanagementsystems sind kontinuierlich umzusetzen und zu verbessern. Auf diesem Wege wird ein immer höherer Reifegrad im Markenmanagement erreicht. Jede dieser Anforderungen ist mit einem Nachweis und einem kontinuierlichen bzw. lebenden Verbesserungsprozess zu hinterlegen. Dieser ist nachzuweisen. Die Umsetzung wird einmal im Jahr geprüft, möglichst extern.

---

lagen für diese Wissenschaft waren Erkenntnisse über Wechselwirkungen und Prozesse in biologischen Organismen (Mensch, Tiere) und der Physik. Diese Erkenntnisse wurden dann fortentwickelt und auf technische und wirtschaftliche Gebilde (z. B. Computer, Unternehmung) übertragen. Die Bezeichnung Kybernetik wurde 1947 von dem Mathematiker Norbert Wiener getroffen. Die Kybernetik befasst sich insbesondere mit Fragen der Anzahl von Teilen und der Kompliziertheit von deren Beziehungen (Komplexität) in Systemen sowie der Regelung und Steuerung durch Rückkopplung (Feedback)." (Wirtschaftslexikon24.com o. J.)

Beim professionellen Aufbau Ihres Markenmanagementsystems sollten Sie dem sog. Reifegradmodell der ISO 9004, dem System zur Effizienzsteigerung folgen. Das heißt: Sie entwickeln für jede Anforderung einen Prozess, der die nachfolgenden Bewertungsschritte von 2–10 enthält:

- Bewertung 1: keine Umsetzung vorhanden
- Bewertung 2–3: ein Konzept
- Bewertung 4–6: eine systematische Umsetzung
- Bewertung 7–9: eine messbare Verbesserung
- Bewertung 10: ein Bestleisteransatz

Ihr Transfer in die Praxis

- Beantworten Sie für sich die in Tab. 6.1 gestellten Fragen.
- Welche Themenschwerpunkte sind in Ihrem Unternehmen bereits gut umgesetzt?
- An welchen Punkten gibt es noch Verbesserungsbedarf?
- Die Erläuterungen und der jeweils geschilderte Musterprozess können Ihnen als Anleitung dienen.

Tab. 6.1 Anforderungen eines effektiven Markenmanagements. (Quelle: Alchimedus Management GmbH)

Themenschwerpunkt	Frage	Erläuterung
Basis Markenmanagement	Ist eine klare Positionierung der Marke festgelegt worden und wird sie umgesetzt?	Ist die Positionierung klar, kann ein Markenmanagementsystem umgesetzt werden. Ist sie unklar, wird auch das Markenmanagement nicht die Ziele erreichen. Es gilt also, eine Vision, eine Mission und die Kernwerte der Marke herauszuarbeiten. Eine einheitliche Positionierung sorgt für ein einheitliches Auftreten und stärkt somit die Marktpositionierung. Vision, Mission und Kernwerte sind in den Folgejahren zu überwachen. Ggf. sind Verbesserungsmaßnahmen abzuleiten. **Musterprozess:** Wir haben die Eckpfeiler unserer Strategie sowie eine klare Vision, eine Mission und die Kernwerte unserer Marke erarbeitet und dokumentiert.
Basis Markenmanagement	Wurde die Bedeutung des eigenen Markenmanagements ausreichend kommuniziert?	Die Bedeutung des Markenmanagements und der Kern der Marke sind den Mitarbeitern und den Stakeholdern kontinuierlich zu vermitteln. Ist dies nicht bekannt oder besteht der Eindruck, dass die Leitung nicht dahintersteht, wird das Markenmanagement erschwert. **Musterprozess:** Wir haben ein Markenbild und/ oder Markenleitlinien sowie Führungsgrundsätze zum Markenmanagement entwickelt bzw. visualisiert und kommuniziert. Das Markenbild wird von den Mitarbeitern verstanden und unterstützt. Der Nachweis ist einsehbar und aktuell.

Tab. 6.1 (Fortsetzung)

Themenschwerpunkt	Frage	Erläuterung
Struktur Markenmanagement	Sind die Verantwortlichkeit und die Zuständigkeit für die Planung, Umsetzung und Auswertung von Maßnahmen zur Einführung des Markenmanagements klar geregelt?	Das Markenmanagement ist eine Aufgabe der oberen Führungsebene. Es muss einen verantwortlichen Mitarbeiter geben, der die Markenaktivitäten zentral koordiniert. Dieser muss schriftlich bestellt werden und im Organigramm erscheinen. Dies ist organisationsweit zu kommunizieren, um die Wichtigkeit zu demonstrieren. **Musterprozess:** Wir haben die Verantwortlichkeit für das Markenmanagement in der oberen Leitung des Unternehmens angesiedelt. Dies ist über ein entsprechendes Organigramm geregelt. Der Nachweis ist aktuell und einsehbar. Der verantwortliche Mitarbeiter wurde schriftlich bestellt. Dies wurde organisationsweit kommuniziert.

Tab. 6.1 (Fortsetzung)

Themenschwerpunkt	Frage	Erläuterung
Struktur Markenmanagement	Existiert in der oberen Führungsebene ein Markensteuerkreis oder eine Arbeitsgruppe mit Vertretern u. a. aus den Bereichen Geschäftsleitung, Marketing und Vertrieb, die sich regelmäßig trifft?	Das Markenmanagement kann Ihr Unternehmen neu ausrichten und hat deshalb eine große Bedeutung. Sie benötigen zur Umsetzung einen Markensteuerkreis oder eine Arbeitsgruppe mit Vertretern u. a. aus den Bereichen Geschäftsleitung, Marketing und Vertrieb, die sich regelmäßig trifft. So können regelmäßige Updates und Fortschritte geteilt werden. **Musterprozess:** Wir führen regelmäßig Steuerkreissitzungen durch und protokollieren diese. Sitzungsprotokolle sind aktuell und einsehbar.
Struktur Markenmanagement	Haben Sie einen Prozess für die Umsetzung eines Markenmanagementsystems festgelegt?	Im Rahmen des Markenmanagements ist es von essenzieller Bedeutung, den markenpolitischen Maßnahmen einen systematischen Planungs- sowie Entscheidungsprozess zugrunde zu legen. Dieser sollte idealtypisch als Ablauf festgelegt werden, damit er später auch überwacht werden kann. **Musterprozess:** Wir haben eine Verfahrensanweisung für den Markenmanagementprozess ausgearbeitet.
Struktur Markenmanagement	Besteht ein zeitliches, personelles und finanzielles Budget für die Markenentwicklung?	Ohne ausreichende Mittel wird sich ein Markenmanagement nicht durchsetzen lassen. Jährlich sind die finanziellen, personellen und zeitlichen Rahmenbedingungen und Budgets festzulegen. **Musterprozess:** Wir haben ein Budget für das Folgejahr festgelegt und schriftlich festgehalten.

Tab. 6.1 (Fortsetzung)

Themenschwerpunkt	Frage	Erläuterung
Marken- und Umfeldanalyse	Betreiben Sie in einem angemessenen Umfang Marktbeobachtung und -forschung?	Hier fließen Gedanken an folgende Faktoren mit ein: Wie beurteilen Sie das Marktwachstum? Wie beurteilen Sie die Branchenrentabilität? Wie beurteilen Sie die Innovationsgeschwindigkeit in Ihrer Branche? Herrschen vielleicht eine geringe Innovationsgeschwindigkeit und lange Produktlebenszyklen vor? Wie beurteilen Sie die Marktschwankungen? Eine Markenanalyse hilft Ihnen dabei, vorhandene Stärken und Schwächen in Ihrer Marke sowie den Handlungsbedarf zu identifizieren. **Musterprozess:** Wir haben eine aktuelle Markenanalyse für unser Unternehmen durchgeführt und schreiben diese kontinuierlich fort.
Marken- und Umfeldanalyse	Wie bewerten Sie die spezifische Wettbewerbssituation des Unternehmens?	Wie beurteilen Sie die folgenden Kriterien im Vergleich zur Konkurrenz: Qualität der Produkte, Fortschrittlichkeit der Produkte (welche Produktlebensphase?), laufende Produktweiterentwicklung, Service, Kundendienst, Kunden-/Zielgruppenorientierung von Produkten und Sortiment, Preis-Leistungs-Verhältnis, Produktivität (ggf. Zukauf statt unwirtschaftlicher Eigenerstellung)? Zu welchem Schluss/zu welcher Bewertung der Wettbewerbssituation kommen Sie? Eine Wettbewerbsanalyse ist jährlich durchzuführen und in Form einer Grafik als Nutzendarstellung zu Papier zu bringen. Wo stehen wir? Wo stehen die anderen? Diese Darstellung wird geschult und in die Marketingunterlagen eingefügt. **Musterprozess:** Wir haben die Wettbewerbssituation analysiert und sind uns unserer Stärken und Schwächen bewusst.

Tab. 6.1 (Fortsetzung)

Themenschwerpunkt	Frage	Erläuterung
Marken- und Umfeldanalyse	In welchem regulatorischen Umfeld (relevante Gesetze, Verordnungen, EU-Richtlinien, Umweltschutzbestimmungen) bewegt sich das Unternehmen?	Mit profunden Kenntnissen des regulatorischen Umfelds (relevante Gesetze, Verordnungen, EU-Richtlinien, Umweltschutzbestimmungen) lassen sich eventuell daraus resultierende Risiken und Kosten besser abschätzen. **Musterprozess:** Wir erfassen das regulatorische Umfeld und die daraus resultierenden Risiken und Kosten schriftlich. Wir informieren die Gesellschafter entsprechend und dokumentieren eventuelle Vorbeugungsmaßnahmen.
Marken- und Umfeldanalyse	Sind zielgruppenrelevante gesellschaftliche und wirtschaftliche Megatrends (z. B. Demografie, Einkommensentwicklung, Export, Devisen, Zinsen) bekannt oder erwartet?	Mit profunden Kenntnissen der zielgruppenrelevanten gesellschaftlichen und wirtschaftlichen Megatrends lassen sich eventuell daraus resultierende Risiken und Kosten besser abschätzen. **Musterprozess:** Wir erfassen die gesellschaftlich und wirtschaftlich für uns relevanten Trends und die daraus resultierenden Risiken und Kosten schriftlich. Wir informieren die Gesellschafter entsprechend und dokumentieren eventuelle Vorbeugungsmaßnahmen.
Marken- und Umfeldanalyse	Welche technologischen Entwicklungstendenzen sehen Sie?	Mit profunden Kenntnissen und einem entsprechenden Plan bzgl. der technologischen Entwicklungstendenzen lassen sich eventuell daraus resultierende Risiken und Kosten besser abschätzen. **Musterprozess:** Wir erfassen die technologischen Entwicklungstendenzen und die daraus resultierenden Risiken und Kosten schriftlich. Wir informieren die Gesellschafter entsprechend und dokumentieren eventuelle Vorbeugungsmaßnahmen.

Tab. 6.1 (Fortsetzung)

Themenschwerpunkt	Frage	Erläuterung
Markenkommunikation	Gibt es einen Brand Guide und eine einheitliche CI und werden diese eingehalten?	Ein einheitlicher Markenauftritt ist das weithin sichtbare Zeichen einer echten Marke. Optisches Durcheinander und die uneinheitliche Nutzung der CI schädigen den Markenauftritt. Ein Markenleitfaden/Brand Guide und die CI sollten definiert werden. **Musterprozess:** Wir haben einen Soll-Zustand unseres Markenauftritts festgelegt und überwachen diesen.
Markenkommunikation	Besteht für die Mitarbeiter die Möglichkeit, sich über unterschiedliche Medien Informationen zum Markenumgang einzuholen?	Den Mitarbeitern muss die Möglichkeit gegeben werden, sich über die Marken-Guideline zu informieren (Stichwort: Corporate Identity). Geeignete Medien könnten sein: Intranet, Newsletter, Informationsbroschüren oder Aushänge. **Musterprozess:** Wir haben eine entsprechende Verfahrensanweisung zur Markenkommunikation verfasst und in der Organisation etabliert. Jeder Mitarbeiter hat die Chance, sich über die Markenpositionierung zu informieren.

Tab. 6.1 (Fortsetzung)

Themenschwerpunkt	Frage	Erläuterung
Markenkommunikation	Welche Instrumente werden zur Markenwahrnehmung nach außen genutzt?	Die eigene Website, Social Media, Filme und entsprechende Instrumente sind für die Markenkommunikation von immenser Bedeutung. Ein wichtiger Baustein an dieser Stelle ist das Thema Public Relations, also die Presse- und Öffentlichkeitsarbeit Ihres Unternehmens. So kann die Wahrnehmung der Marke in der Gesellschaft geschaffen, beeinflusst und/oder geändert werden. Werbungen, Events, Flyer und Shops sind ein weiterer „Marken-Touchpoint" zwischen Kunden und Ihrer Marke. Mit jeder Berührung wird das Markenbild verändert. Deswegen ist es besonders wichtig, an einem einheitlichen Auftritt zu arbeiten und diesen Ihren Mitarbeitern zu kommunizieren. **Musterprozess:** Wir haben ein einheitliches Markenbild und setzen folgende Instrumente zur Markenwahrnehmung ein: (bitte ergänzen)

Tab. 6.1 (Fortsetzung)

Themenschwerpunkt	Frage	Erläuterung
Markenkommunikation	Ist der Markenauftritt auf allen Kanälen ethik- und rechtskonform und wird dabei der Datenschutz gewährleistet?	Dieser Faktor wird in einer zunehmend vernetzten Welt, in der jeder über jeden in Sekundenschnelle Bescheid weiß, immer wichtiger. Wie gehen wir miteinander um? Halten wir uns auch an die ethischen Gesetze, also nicht nur an Grundsätze, die vielleicht rechtlich machbar, aber ethisch nicht vertretbar sind? Bei diesem Kriterium ist auch die Fixierung der gemeinsamen ethischen Handlungsparameter und der Schritte bei einem eventuellen Verstoß relevant. Wie gehen Sie mit Urheberrechten, Schutz- und Markenrechten um? **Musterprozess:** Wir haben für unseren Markenauftritt in allen Kanälen einen Prozess zur Sicherung von Ethik- und Rechtskonformität und Datenschutz entwickelt, die Verantwortlichkeiten geklärt und überwachen dies.
Markencontrolling	Haben Sie eine Erfolgskontrolle für das Markenmanagement festgesetzt?	Zur Kontrolle der Aktivitäten und um allen Mitarbeitern zu zeigen, wie wichtig der Prozess Markenmanagement ist, sollten Kennzahlen zur Erfolgskontrolle festgelegt werden. Ein Prozess ist nie ausgereift. Durch eine Erfolgskontrolle lassen sich Verbesserungen vornehmen und Schwachstellen im Markenmanagement beseitigen. Hierbei können auch die eingesetzten Instrumente auf Effektivität überprüft werden. **Musterprozess:** Wir haben die wesentlichen Kennzahlen zur Erfolgskontrolle festgelegt und erheben diese systematisch. Wir besprechen die Ergebnisse und Abweichungen.

Tab. 6.1 (Fortsetzung)

Themenschwerpunkt	Frage	Erläuterung
Markencontrolling	Werden im Unternehmen regelmäßig Analysen zum aktuellen Stand der Markenwahrnehmung der Mitarbeiter und der Kunden durchgeführt?	Kunden- und Mitarbeiterbefragungen gelten oft als erschwerendes Übel der TQM-Systeme, aber richtig angewandt, dienen sie der Informationsbeschaffung und helfen, langfristig auf dem richtigen Weg zu bleiben. Eine Kunden- oder Mitarbeiterbefragung ist sinnlos, wenn sie Allgemeinplätze oder Indikatoren abfragt, die ohnehin nicht geändert werden können. Zudem sollten die Befragungen individuell für das eigene Unternehmen aufgebaut werden und auch Platz für die Meinungsäußerung der Befragten lassen. **Musterprozess:** Analysen zur Markenwahrnehmung der Mitarbeiter und der Kunden werden durchgeführt und nachgewiesen. Wir haben die durchgeführten Analysen als Nachweis importiert und nutzen eine entsprechende Verfahrensanweisung. Sie sind aktuell und einsehbar.
Markencontrolling	Werden durch den Steuerkreis/die Arbeitsgruppe Markenmanagement regelmäßig Maßnahmen/ Aktivitäten geplant, umgesetzt, kontrolliert und wieder ausgewertet, um einen kontinuierlichen Markenverbesserungspro-zess in Gang zu setzen?	Das Lernen aus Fehlern oder die generelle systeminmmanente Verbesserung sind der Kern eines jeden TQM-Systems, was auch für unser Markenmanagement gilt. Die Maßnahmen, die auf Basis der Steuerungskreissitzungen getroffen wurden, sind nachzuweisen. Es gibt dazu einen Maßnahmenplan mit klaren Terminangaben und Verantwortlichkeiten. **Musterprozess:** Wir können kontinuierliche Verbesserungen im Markenmanagement nachweisen.

Tab. 6.1 (Fortsetzung)

Themenschwerpunkt	Frage	Erläuterung
Markencontrolling	Werden regelmäßig interne Markenaudits durchgeführt?	Das Unternehmen sollte regelmäßig interne Markenaudits durchführen, d. h. mindestens einmal im Jahr. Als Auditkriterien bieten sich an: a) die vom Unternehmen selbst festgelegten Anforderungen/Vorgaben an das Markenmanagementsystem b) die Anforderungen des vorliegenden Markenmanagementstandards Es ist zu prüfen, ob diese Anforderungen wirksam verwirklicht und aufrechterhalten werden. **Musterprozess:** Wir führen jährlich interne Markenmanagementaudits durch und dokumentieren diese.

Schlussbetrachtung 7

Markenmanagement ist im Endeffekt nichts wert, wenn das Produkt oder die Leistung minderwertig sind. Eine sehr gute Markenführung basiert auf der Fähigkeit, sehr gute Qualität zu liefern – beständig, nachhaltig und immer wieder auch mit dem Vermögen, ein überlegenes Leistungsversprechen auf den Punkt zu kommunizieren. Für die ganzheitliche Unternehmensentwicklung sind zudem noch weitere Faktoren zu erfüllen.

Wir haben in diesem Buch das Konzept der inneren und äußeren Marke für die Markenführung auf Basis der bekannten theoretischen Markenmanagement-modelle entwickelt und erläutert. Der Fokus lag auf der pragmatischen Umsetzung für Verantwortliche in kleineren und mittleren Unternehmen.

Die Kernleistung der Marke, die eigentliche Dienstleistung oder das Produkt, sind nicht Gegenstand unseres Modells. Markenmanagement ist im Endeffekt aber nichts wert, wenn das Produkt oder die Leistung minderwertig ist. Eine sehr gute Markenführung basiert auf der Fähigkeit, sehr gute Qualität zu liefern – beständig, nachhaltig und immer wieder auch mit dem Vermögen, ein überlegenes Leistungsversprechen auf den Punkt zu kommunizieren. Für die ganzheitliche Unternehmensentwicklung sind zudem noch weitere Faktoren zu erfüllen. (Vgl. Kugler 2015)

Wir gehen davon aus, dass Ihr Unternehmen kontinuierlich Qualität abliefert und auf der Höhe der Zeit ist.

7.1 Erfolgreiche Markenführung ist keine Frage des Budgets

In den großen Markenunternehmen kümmern sich ganze Stäbe und Heerscharen um das Thema Marke. Es werden Kreativworkshops, qualitativ hochwertige Befragungen, Analysereihen, statistische Auswertungen, Handlungsoptions-Matrixen, Brand Personality Gameboards (McKinsey), Markenrelevanz-Messungen,

© Springer Fachmedien Wiesbaden GmbH 2018
S. Kugler, H. von Janda-Eble, *Markenmanagement mit System*,
https://doi.org/10.1007/978-3-658-16225-2_7

Customer Insights, Szenario-, Markentreiber- oder Kundenkontaktpunktanalysen durchgeführt und viele weitere Instrumente genutzt. Alle diese Instrumente mögen hilfreich und nutzbringend sein. Doch die dafür notwendigen Budgets können KMU-Verantwortliche in der Regel nicht aufbringen. Stattdessen können sie von den erprobten Methoden und Systemen lernen und sie für ihre Unternehmen anpassen. Der eigenverantwortliche Mittelstand zeichnet sich immer schon über eine erstaunliche Lehrfähigkeit und Wandelbarkeit aus – mit einem ausgeprägten Bewusstsein für den sinnvollen Budgeteinsatz. Ganz im Sinne Schumpeters[1] muss der Markenverantwortliche oftmals die ausgetretenen Wege verlassen und im Zuge der schöpferischen Zerstörung[2] Neues wagen. Oftmals entstehen erfolgreiche Marken gerade erst aus diesem Mut heraus!

In der Praxis erleben wir jedoch immer wieder, dass Unternehmen zu einer Werbe-, Marken- oder Kommunikationsagentur gehen und einen Außenauftritt wie die Wurst beim Metzger bestellen wollen, ohne die wesentlichen Voraussetzungen für gute Markenarbeit vorher abzuklären oder die Basisarbeit erledigen zu wollen.

Eine gute Markenagentur – in Abgrenzung zu den rein auf Äußerlichkeiten getrimmten Werbeagenturen – wird ihre Kunden nicht nur darauf hinweisen, nein, sie wird die Kunden sogar dazu auffordern, entweder die Grundparameter im gemeinsamen Prozess abzuklären oder den Designprozess abbrechen.

7.2   Unser Konzept als Orientierungsgerüst

Wir haben in diesem Buch die Kriterien vorgestellt, die zur Bildung eines markensemantischen Raums notwendig sind. Unser Konzept erhebt keinen Anspruch

---

[1] Joseph Alois Schumpeter (1883–1950) war ein österreichischer Nationalökonom und Politiker. Nach Schumpeter ist der Wechsel aus Innovation und Nachahmung wesentlicher Treiber des Wettbewerbs. Auf dieser Grundannahme basieren bis heute mehrere Konjunkturmodelle (vgl. Schumpeter 2008).

[2] Die schöpferische Zerstörung (auch kreative Zerstörung) ist ein Begriff aus der Makroökonomie, der auf Schumpeter zurückgeht. Die Kernaussage lautet: Jede wirtschaftliche Weiterentwicklung basiert auf einer kreativen Zerstörung. Eine kreative Zerstörung entsteht, wenn Produktionsfaktoren neu kombiniert werden (zum Beispiel indem neue Absatzmärkte erschlossen werden oder ein neues Produkt/eine neue Produktqualität eingeführt wird). Durch eine erfolgreiche Neuerung werden alte Strukturen letztlich zerstört. Diese Zerstörung ist für eine Neuordnung notwendig.

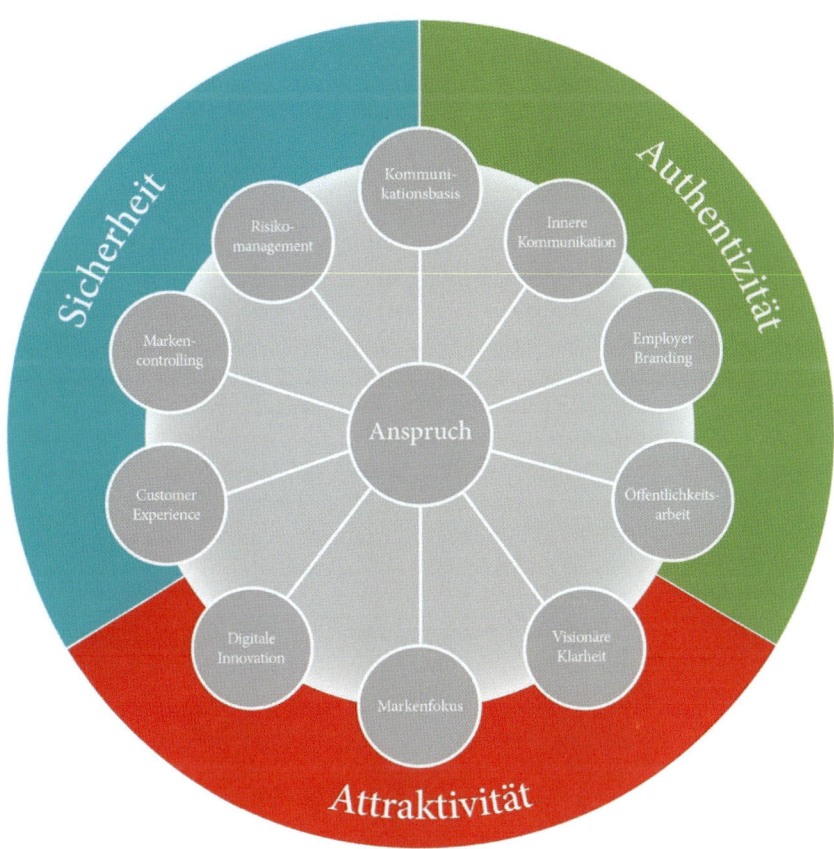

Abb. 7.1 Markensemantischer Raum. (Quelle: Alchimedus Management GmbH)

darauf, alle Facetten des Markenmanagements vollständig abzubilden. Es soll aber Markenverantwortlichen ein Denkkonstrukt an die Hand geben.

Das Modell soll keine Grenzen aufbauen, weder aus Kostensicht noch sprachlich. Wir wollten uns daher nicht hinter den mitunter nur vordergründig bedeutungsschwangeren Begrifflichkeiten der Markentheoretiker und der Markenagenturen verstecken, sondern den Markenverantwortlichen echte Entwicklungsmöglichkeiten aufzeigen. Wir nennen diese Möglichkeiten, angelehnt an Hanns-Albert

Steger,[3] „Entwicklungshorizonte". Der Ausdruck „Horizonte" steht dabei für die Grenzenlosigkeit der Potenziale.[4]

Mit unserem Modell (Abb. 7.1) soll Ihnen ein Hilfsmittel für den Aufbau einer individuellen Markenkultur angeboten werden. Wir sehen unsere Vorgehensweise anlog zur Kulturanthropologie,[5] die den Menschen in seinem Verhältnis zu seiner Kultur untersucht – in unserem Fall der Markenkultur im Inneren wie im Äußeren.

7.3   Unser Modell im Überblick

In einem ersten Schritt wird der Markenkern mit Markenessenz und dem dreifachen Markennutzen definiert (Kap. 1). Auf Basis des Markenkerns wird die Markenvision (Abschn. 4.1) klar bestimmt. Der Markenfokus (Abschn. 4.2) legt die strategischen Parameter fest. In einem weiteren Schritt wird die Kommunikationsbasis (Abschn. 4.3) mit CI, CD, Logo etc. definiert. Nun wird die Marke nach innen – Employer Branding (Abschn. 4.4) und innere Markenarbeit (Abschn. 4.5) – und nach außen – Kundendialog (Abschn. 4.6), Öffentlichkeitsarbeit (Abschn. 4.7), sowie digitale Innovation (Abschn. 4.8) – getragen. Das Markencontrolling (Abschn. 4.9) überwacht schlussendlich die Markenaktivitäten im Hinblick auf die Wirksamkeit und stößt Verbesserungen an. Das Markenmanagementsystem (Kap. 6) schafft die Struktur und eröffnet die kontinuierliche Weiterentwicklung. Auszeichnungen (Kap. 5) sind die Belohnung für die Marke.

Alle diese Dimensionen unseres markensemantischen Raums sind in Wechselwirkung miteinander verbunden.

---

[3] Hanns-Albert Steger (1923–2015) war ordentlicher Professor der Friedrich-Alexander-Universität Erlangen-Nürnberg. Er war am Lehrstuhl für Auslandswissenschaft (Romanischsprachige Kulturen) tätig. Sein Schwerpunkt lag auf Wirtschafts- und Sozialordnung. Sascha Kugler besuchte im Rahmen seines Studiums der Betriebswirtschaftslehre die Vorlesungen von Prof. Steger zur Kulturanthropologie. Die Gedanken Stegers sind in das Konzept zum Aufbau eines markensemantischen Raums eingeflossen (vgl. Steger 1989).

[4] Ähnliche Ansätze verfolgen die Corporate-Identity-Agentur Henrion, Ludlow und Schmidt (vgl. Schmidt 2008) oder der Markendiamant von McKinsey. Der Aufbau eines markensemantischen Raums wurde bereits im VDI andiskutiert, jedoch nicht modellhaft umgesetzt.

[5] Die Kulturanthropologie ist eine Sozial- und Kulturwissenschaft, bei welcher der Mensch im Verhältnis zu seiner Kultur (Gesamtheit der menschlichen Umgebung) untersucht wird. Die Kulturanthropologie hilft dabei, soziale Geflechte sowie deren Sitten zu verstehen. Zwischen dem Menschen und der Kultur gibt es eine unauflösbare Wechselwirkung: Er ist zugleich kultureller Schöpfer und Geschöpf der Kultur.

7.4 Was Sie aus diesem Buch mitnehmen sollten

Eine Marke zu entwickeln ist schon kompliziert, eine Marke langfristig zu leben, ist noch viel schwieriger. „Selbst eine gut definierte Marke kann allerdings scheitern, wenn sie nicht einheitlich bei Verbrauchern und Mitarbeitern verankert ist. Ein positives Markenimage entsteht nur durch das tagtägliche persönliche Markenerlebnis" (Perrey und Meyer 2010, S. 99).

Eine Marke zu führen, ist aufregend, bereichernd und erfüllend gleichermaßen. Die Marke reflektiert das Bewusstsein, die Fertigkeit und den Geist der Organisation. Die Verantwortung für die Marke liegt bei der Unternehmensführung.

Fehlendes Marken-Commitment und mangelnde visionäre Klarheit der Leitung sind in der Praxis oftmals der Grund, warum Marken nicht die nötige Stringenz und Nachhaltigkeit aufweisen. Eine Marke zu entwickeln und intern wie extern umzusetzen, bedarf vieler kleiner und oftmals mühevoller Schritte.

Es geht beim Markenmanagement zunächst überhaupt nicht um ein großes Budget, auch wenn dieses natürlich in vielen Belangen helfen kann. Es geht beim Markenmanagement um langen Atem und darum, Ziele konsequent zu verfolgen.

Schaffen Sie es, eine Marke zu werden, dann ist die Marke eine hervorragende Möglichkeit, auch mit begrenzten Geldmitteln die eigenen Angebote und Stärken zu kommunizieren, sich positiv vom Markt abzuheben, eben wiedererkennbar zu werden. Kundenloyalität, Profitabilität und positives Image werden dann Ihre Begleiter sein.

Eine Marke fußt immer auf einer langfristigen Strategie, Ihr Aufbau dauert oft mehrere Jahre und bedingt kontinuierliches und nachhaltiges Arbeiten (VDI 2013, S. 4).

▶ Eine Marke zu werden, kann allen gelingen. Sie müssen nur beginnen.

Literatur

Kugler, S. 2015. *SUCCESS-DNA: Die zwölf Gesetze des Erfolges.* Hamburg: Kreutzfeldt digital.

Perrey, J., und T. Meyer. 2010. Mega-Macht Marke *Erfolg messen, machen, managen 3. Aufl.* München: Redline Verlag.

Schmidt, K. 2008. Identitätsorientierung als Leitlinie der Marken. In *Handbuch Markenkommunikation.* Hrsg. A. Hermanns, T. Ringle, und P. C Van Overloop, 15–30. München: Verlag Franz Vahlen.

Schumpeter, J. A. 2008. Konjunkturzyklen 2. Aufl. Göttingen: Vandenhoeck & Ruprecht.

Steger, H.-A. 1989. Weltzivilisation und Regionalkultur. München: Eberhard.

VDI Hrsg. 2013. VDI 4506 Blatt 4. Strategischer Vertrieb - Markenmanagement mit dem Business-Coach. Berlin: Beuth Verlag.

Weiterführende Literatur

Kugler, S. 2005. *Das Alchimedus-Prinzip: Die ganzheitliche Unternehmerstrategie.* Zürich: Orell Füssli.